国家出版基金项目
NATIONAL PUBLICATION FOUNDATION

"十四五"国家重点出版物出版规划项目

长江水生生物多样性研究丛书

长江重要渔业水域环境现状

李云峰　吴湘香　魏　念　张　燕　茹辉军　吴　凡　倪朝辉　等　著

科学出版社 | 山东科学技术出版社
北　京　　　　　　　济　南

内 容 简 介

本书聚焦长江干流、重要支流及典型湖泊的生态环境现状，系统解析了水域污染物分布特征及浮游生物、底栖生物群落结构现状，分析了流域水电开发、采砂等主要人类活动特征；并进一步探讨了长江重要渔业水域生态环境的主要影响因素，且提出了有针对性的综合修复措施。本书以实地调查为基础，系统描述现状并突出科学评估与生态保护策略的衔接，为渔业生态环境保护实践与可持续发展提供系统性视角。

本书得到了国家重点研发计划课题"长江上游物理生境变化对鱼类影响机理与综合适宜性评价"（2023YFC3205903）、农业农村部财政专项"长江渔业资源与环境调查（2017—2021）"项目等的大力支持，可为科研人员提供深入开展研究的数据和思路，也可为管理者制定科学合理的渔业政策提供有力依据。

图书在版编目（CIP）数据

长江重要渔业水域环境现状 / 李云峰等著 . -- 北京：科学出版社，2025.3.
（长江水生生物多样性研究丛书）.-- ISBN 978-7-03-081204-9

Ⅰ.S931.3

中国国家版本馆 CIP 数据核字第 2025YW9425 号

责任编辑：王 静 朱 瑾 白 雪 陈 昕 徐睿璠／责任校对：张小霞
责任印制：肖 兴 王 涛／封面设计：懒 河

科学出版社 和 山东科学技术出版社 联合出版
北京东黄城根北街 16 号
邮政编码：100717
http://www.sciencep.com

北京中科印刷有限公司印刷
科学出版社发行 各地新华书店经销
＊

2025 年 3 月第 一 版 开本：787×1092 1/16
2025 年 3 月第一次印刷 印张：6 3/4
字数：181 000

定价：98.00 元
（如有印装质量问题，我社负责调换）

"长江水生生物多样性研究丛书"
组织撰写单位

组织单位　中国水产科学研究院

牵头单位　中国水产科学研究院长江水产研究所

主要撰写单位

中国水产科学研究院长江水产研究所

中国水产科学研究院淡水渔业研究中心

中国水产科学研究院东海水产研究所

中国水产科学研究院资源与环境研究中心

中国水产科学研究院渔业工程研究所

中国水产科学研究院渔业机械仪器研究所

中国科学院水生生物研究所

中国科学院南京地理与湖泊研究所

中国科学院精密测量科学与技术创新研究院

水利部中国科学院水工程生态研究所

国家林业和草原局中南调查规划院

华中农业大学

西南大学

内江师范学院

江西省水产科学研究所

湖南省水产研究所

湖北省水产科学研究所

重庆市水产科学研究所

四川省农业科学院水产研究所

贵州省水产研究所

云南省渔业科学研究院

陕西省水产研究所

青海省渔业技术推广中心

九江市农业科学院水产研究所

其他资料提供及参加撰写单位

全国水产技术推广总站

中国水产科学研究院珠江水产研究所

中国科学院成都生物研究所

曲阜师范大学

河南省水产科学研究院

"长江水生生物多样性研究丛书"

序

　　长江，作为中华民族的母亲河，承载着数千年的文明，是华夏大地的血脉，更是中华民族发展进程中不可或缺的重要支撑。它奔腾不息，滋养着广袤的流域，孕育了无数生命，见证着历史的兴衰变迁。

　　然而，在时代发展进程中，受多种人类活动的长期影响，长江生态系统面临严峻挑战。生物多样性持续下降，水生生物生存空间不断被压缩，保护形势严峻。水域生态修复任务艰巨而复杂，不仅关乎长江自身生态平衡，更关系到国家生态安全大局及子孙后代的福祉。

　　党的十八大以来，以习近平同志为核心的党中央高瞻远瞩，对长江经济带生态环境保护工作作出了一系列高屋建瓴的重要指示，确立了长江流域生态环境保护的总方向和根本遵循。随着生态文明体制改革步伐的不断加快，一系列政策举措落地实施，为破解长江流域水生生物多样性下降这一世纪难题、全面提升生态保护的整体性与系统性水平创造了极为有利的历史契机。

　　为了切实将长江大保护的战略决策落到实处，农业农村部从全局高度统筹部署，精心设立了"长江渔业资源与环境调查（2017—2021）"项目（简称长江专项）。此次调查由中国水产科学研究院总牵头，由危起伟研究员担任项目首席专家，中国水产科学研究院长江水产研究所负责技术总协调，并联合流域内外24家科研院所和高校开展了一场规模宏大、系统全面的科学考察。长江专项针对长江流域重点水域的鱼类种类组成及分布、鱼类资源量、濒危鱼类、长江江豚、渔业生态环境、消落区、捕捞渔业和休闲渔业等8个关键专题，展开了深入细致的调查研究，力求全面掌握长江水生生态的现状与问题。

　　"长江水生生物多样性研究丛书"便是在这一重要背景下应运而生的。该丛书以长江专项的主要研究成果为核心，对长江水生生物多样性进行了深度梳理与分析，同时广泛吸纳了长江专项未涵盖的相关新近研究成果，包括长江流域分布的国家重点保护野生两栖类、爬行类动物及软体动物的生物学研究和濒危状况，以及长江水生生物管理等有关内容。该丛书包括《长江鱼类图鉴》《长江流域水生生物多样性及其现状》《长江国家重点保护水生野生动物》《长江流域渔业资源现状》《长江重要渔业水域环境现状》《长江流域消落区生态环境空间观测》《长江外来水生生物》《长江水生生物保护区》《赤水河水生生物与保护》《长江水生生物多样性管理》共 10 分册。

　　这套丛书全面覆盖了长江水生生物多样性及其保护的各个层面，堪称迄今为止有关长江水生生物多样性最为系统、全面的著作。它不仅为坚持保护优先和自然恢复为主的方针提供了科学依据，为强化完善保护修复措施提供了具体指导，更是全面加强长江水生生物保护工作的重要参考。通过这套丛书，人们能够更好地将"共抓大保护，不搞大开发"的要求落到实处，推动长江流域形成人与自然和谐共生的绿色发展新格局，助力长江流域生态保护事业迈向新的高度，实现生态、经济与社会的可持续发展。

中国科学院院士：陈宜瑜

2025 年 2 月 20 日

前　言

　　长江是中华民族的母亲河，是我国第一、世界第三大河。长江流域生态系统孕育着独特的淡水生物多样性。作为东亚季风系统的重要地理单元，长江流域见证了渔猎文明与农耕文明的千年交融，其丰富的水生生物资源不仅为中华文明起源提供了生态支撑，更是维系区域经济社会可持续发展的重要基础。据初步估算，长江流域全生活史在水中完成的水生生物物种达4300种以上，涵盖哺乳类、鱼类、底栖动物、浮游生物及水生维管植物等类群，其中特有鱼类特别丰富。这一高度复杂的生态系统因其水文过程的时空异质性和水生生物类群的隐蔽性，长期面临监测技术不足与研究碎片化等挑战。

　　现存的两部奠基性专著——《长江鱼类》（1976年）与《长江水系渔业资源》（1990年）系统梳理了长江206种鱼类的分类体系、分布格局及区系特征，揭示了环境因子对鱼类群落结构的调控机制，并构建了50余种重要经济鱼类的生物学基础数据库。然而，受限于20世纪中后期的传统调查手段和以渔业资源为主的单一研究导向，这些成果已难以适应新时代长江生态保护的需求。

　　20世纪中期以来，长江流域高强度的经济社会发展导致生态环境急剧恶化，渔业资源显著衰退。标志性物种白鱀豚、白鲟的灭绝，鲥的绝迹，以及长江水生生物完整性指数降至"无鱼"等级的严峻现状，迫使人类重新审视与长江的相处之道。2016年1月5日，在重庆召开的推动长江经济带发展座谈会上，习近平总书记明确提出"共抓大保护，不搞大开发"，为长江生态治理指明方向。在此背景下，农业农村部于2017年启动"长江渔业资源与环境调查（2017—2021）"财政专项（以下简称长江专项），开启了长江水生生物系统性研究的新阶段。

　　长江专项联合24家科研院所和高校，组织近千名科技人员构建覆盖长江干流（唐古拉山脉河源至东海入海口）、8条一级支流及洞庭湖和鄱阳湖的立体监测网络。采用20km×20km网格化站位与季节性同步观测相结合等方式，在全流域65个固定站位，开展了为期五年（2017～2021年）的标准化调查。创新应用水声学探测、遥感监测、无人机航测等技术手段，首次建立长江流域生态环境本底数据库，结合水体地球化学技术解析水体环境时空异质性。长江专项累计采集 25 万条结构化数据，建立了数据平台和长江水生生物样本库，为进一步研究评估长江鱼类生物多样性提供关键支撑。

本丛书依托长江专项调查数据，由青年科研骨干深入系统解析，并在唐启升等院士专家的精心指导下，历时三年精心编集而成。研究深入揭示了长江水生生物栖息地的演变，获取了长江十年禁渔前期（2017～2020 年）长江水系水生生物类群时空分布与资源状况，重点解析了鱼类早期资源动态、濒危物种种群状况及保护策略。针对长江干流消落区这一特殊生态系统，提出了自然性丧失的量化评估方法，查清了严重衰退的现状并提出了修复路径。为提升成果的实用性，精心收录并厘定了 430 种长江鱼类信息，实拍 300 余种鱼类高清图片，补充收集了 130 种鱼类的珍贵图片，编纂完成了《长江鱼类图鉴》。同时，系统梳理了长江水生生物保护区建设、外来水生生物状况与入侵防控方案及珍稀濒危物种保护策略，为管理部门提供了多维度的决策参考。

《赤水河水生生物与保护》是本丛书唯一一本聚焦长江支流的分册。赤水河作为长江唯一未在干流建水电站的一级支流，于 2017 年率先实施全年禁渔，成为长江十年禁渔的先锋，对水生生物保护至关重要。此外，中国科学院水生生物研究所曹文宣院士团队历经近 30 年，在赤水河开展了系统深入的研究，形成了系列成果，为理解长江河流生态及生物多样性保护提供了宝贵资料。

本研究虽然取得重要进展，但仍存在监测时空分辨率不足、支流和湖泊监测网络不完善等局限性。值得欣慰的是，长江专项结题后农业农村部已建立常态化监测机制，组建"长江流域水生生物资源监测中心"及沿江省（市）监测网络，标志着长江生物多样性保护进入长效治理阶段。

在此，谨向长江专项全体项目组成员致以崇高敬意！特别感谢唐启升、陈宜瑜、朱作言、王浩、桂建芳和刘少军等院士对项目立项、实施和验收的学术指导，感谢张显良先生从论证规划到成果出版的全程支持，感谢刘英杰研究员、林祥明研究员、方辉研究员、刘永新研究员等在项目执行、方案制定、工作协调、数据整合与专著出版中的辛勤付出。衷心感谢农业农村部计划财务司、渔业渔政管理局、长江流域渔政监督管理办公室在"长江渔业资源与环境调查（2017—2021）"专项立项和组织实施过程中的大力指导，感谢中国水产科学研究院在项目谋划和组织实施过程中的大力指导和协助，感谢全国水产技术推广总站及沿江上海、江苏、浙江、安徽、江西、河南、湖北、湖南、重庆、四川、贵州、云南、陕西、甘肃、青海等省（市）渔业渔政主管部门的鼎力支持。最后感谢科学出版社编辑团队辛勤的编辑工作，方使本丛书得以付梓，为长江生态文明建设留存珍贵科学印记。

危起伟　研究员　　　　　　　　曹文宣　院士

中国水产科学研究院长江水产研究所　　中国科学院水生生物研究所

2025 年 2 月 12 日

前　言

    我国对渔业生态环境调查经历了早期探索阶段、初步建立阶段和稳步发展阶段。在早期探索阶段（新中国成立前），人们对长江渔业生态环境的关注处于萌芽状态，对渔业环境的认知多是直观、表面的感性认识。虽然偶有简单的文字记载描述长江水域的大致状况，如某些古籍中提及长江部分江段水色、水流等特征与渔业的关联，但缺乏科学系统的调查手段和专业的研究。新中国成立后，随着渔业在国民经济中的地位日益凸显及人们对生态环境重视程度的逐步提高，长江渔业生态环境调查开始有了初步发展。1985 年我国成立了全国渔业生态环境监测网，对 160 多个重要渔业水域的水质、生态（浮游生物、底栖动物等）、沉积物和生物体四大类要素共 18 项指标开展了连续监测（李丹等，2015），自此长江流域作为我国重要渔业水域生态环境被纳入长期连续性监测范围，逐步运用一些基础的测量工具和化学分析方法，对长江水域进行有计划的考察，为后续分析长江渔业生态环境奠定了一定的数据基础。考察和分析结果自 2000 年起在《中国渔业生态环境状况公报》中有了长期连续积累，为更好地保护渔业水域生态环境提供基础支撑。但整体覆盖范围仍相对有限，且调查深度也较浅。

    近年来，国家高度重视水域生态环境健康，对重要水域开展了专项调查监测，农业部（现农业农村部）自 2017 年起相继立项了长江、西藏、西南、西北、黄河等不同水域区域性渔业资源与环境调查专项，长江渔业资源与环境调查作为第一个立项，全面深入开展了水生生物资源和生态环境调查，旨在查明长江干流、重点支流与湖泊水域渔业资源和环境现状，为进一步开展长江流域资源与生态环境保护提供科学依据。

    随着科技与社会的不断发展，调查内容上，长江渔业生态环境调查不断朝着精细化方向发展。对于水域物理特征，不仅关注基本的水温、水深等，还深入分析水温的垂直分布规律对不同水层鱼类栖息的影响，以及水流的季节性变化对鱼类洄游路径的影响等；在水域化学性质方面，对各类污染物的溯源分析更加精准，能准确分辨工业排放、农业面源、生活污水等不同污染源头，同时对微量的新型污染物也开始进行监测；在生物群落状况方面，除了常规的鱼类种群调查，还加强了对浮游生物、底栖生物等整个水生生物链各环节的详细考察，分析它们之间的相互作用关系及其对渔业生态环境的综合影响。

目前，涉及长江渔业生态环境调查的主体众多，包括各级渔业管理部门、生态环境部门、科研院校及相关的社会组织等，各方之间的协作机制在不断优化。在数据共享方面，依托大数据平台和相关的数据管理规范，越来越多的数据得以汇聚和共享，为综合分析长江渔业生态环境提供了更丰富的数据资源，这也有利于制定出更具科学性、整体性的生态保护和渔业发展策略。

尽管长江渔业生态环境调查取得了长足的发展，但依然面临一些挑战：一是部分复杂水域环境的调查难度较大，如上游一些高山峡谷地带的支流，水流湍急、地形复杂，无论是布置监测设备还是开展实地考察都面临诸多困难，导致区域调查数据不够全面、准确，影响对全流域渔业生态环境的精准把握。二是调查成本居高不下，先进的技术设备采购、维护费用高昂，专业技术人员的培养和薪酬支出也较大，而有限的资金投入在一定程度上限制了调查的频次、范围及技术更新的速度，不利于持续深入地开展高质量调查工作。本次长江渔业资源与环境调查中渔业生态环境调查得到了沿江各省（自治区、直辖市）渔业主管部门的协助支持，联合了中国水产科学研究院东海水产研究所、中国水产科学研究院淡水渔业研究中心、中国科学院水生生物研究所、水利部中国科学院水工程生态研究所等科研院所，华中农业大学、西南大学、内江师范学院等高校，以及各省水产科学研究所（院）等技术力量，对长江干流、洞庭湖、鄱阳湖及雅砻江、岷江、赤水河等重要支流的重要渔业水域水质、浮游生物、底栖生物、主要人类活动等开展了连续5年的详细、系统、深入的调查。笔者在该专项研究的基础上，参考近年来其他科研机构的研究成果，完成了本书的撰写。在撰写过程中得到以上调查单位及相关调查人员的大力支持，也得到项目组研究人员及研究生的大力支持，在此一并致以诚挚的感谢。

由于作者水平有限，书中难免存在疏漏和错误之处，望读者提出宝贵意见，以便将来进一步完善。

著　者

2024 年 8 月

目　录

01

第 1 章　长江流域概况

1.1 自然地理特征

长江流域介于北纬 24°30′～35°45′、东经 90°33′～122°25′，横跨我国多个地形阶梯，西起青藏高原腹地，东抵东海大陆架西缘。作为中国最大的流域，面积约 180 万 km²，约占我国国土面积的 18.8%，具有典型的地貌多样性特征。流域内发育多级阶梯状地貌，地势自西向东呈三级显著陡降，海拔高差逾 6000m。地貌特征方面，上游区以青藏高原和横断山脉为主体，呈现高原山地地貌，发育典型的深切 "V" 形峡谷系统；中游地区地势落差逐渐减小，以丘陵和平原为主，如江汉平原，地势较为平坦开阔，河道弯曲，有众多湖泊分布。下游地区则为广阔的平原，地势平坦，主要是长江三角洲平原，水网密布（姚仕明等，2023）。

1.2 主要水系分布

长江干流发源于青藏高原唐古拉山脉各拉丹冬峰西南侧，自西向东流经青海、西藏、四川、云南、重庆、湖北、湖南、江西、安徽、江苏、上海 11 个省（自治区、直辖市），最后注入东海，全长约 6300km。

长江流域支流、湖泊众多，主要支流包括雅砻江、岷江、赤水河、嘉陵江、乌江、汉江等。雅砻江发源于巴颜喀拉山南麓，在四川攀枝花注入长江；岷江源于岷山南麓，在宜宾汇入长江；赤水河是长江上游右岸的一级支流，发源于云南省镇雄县，流经云南、贵州、四川三省，于四川省合江县汇入长江，全长 440 余千米，是长江上游珍稀特有鱼类国家级自然保护区的重要组成部分；嘉陵江纵贯四川盆地中部，在重庆汇入长江；乌江流经贵州、重庆，在重庆涪陵注入长江；汉江是长江最长的支流，源于秦岭南麓，在武汉汇入长江，全长约 1577km，对调节长江中下游的生态环境起着重要作用。这些支流在长江流域内发挥着重要的水文和生态作用。

中国五大淡水湖中洞庭湖、鄱阳湖、太湖和巢湖四大淡水湖分布于长江流域。湘江、资江、沅江、澧水、汨罗江等注入洞庭湖后归于长江；赣江、抚河、信江、饶河、修河等河流注入鄱阳湖后归于长江；太湖水经太浦河、吴淞江等河道与长江相通；巢湖水经裕溪河注入长江。众多湖泊水系在调节洪水、提供水资源、维护生态平衡等方面发挥着重要作用（刘国强等，2023）。

1.3 气候与水文特征

长江流域气候多样，上游青藏高原地区为高原山地气候，中下游大部分地区为亚热带季风气候。上游海拔高，空气稀薄，昼夜温差大；中下游夏季高温多雨，冬季温和少雨。流域降水较丰沛，但由于水汽输送途径及地形地貌等因素的综合影响，降水分布不均，整体呈现从东南向西北递减的趋势。流域多年平均降水量在 1100mm 左右，有 70%~90% 降水集中在 5~10 月，暴雨多集中在 7~8 月（许文锋等，2024）。降水量的年内分配不均，年际变化大，易导致洪涝和干旱等自然灾害（穆宏强，2020）。长江流域的降水是渔业水域水量的主要补给来源。夏季降水集中，为渔业水域提供了充足的水量；而冬季降水较少，可能导致渔业水域水量减少，影响渔业生产。此外，降水量的时空分布不均也可能导致渔业水域水量的波动，对渔业生产造成不利影响。

1.4 水文要素基本情况及规律

长江干流流量大，汛期（4~10 月）水量占全年水量的 80% 左右。径流中雨水补给占全年径流量的 75%~80%，地下水占 20%~25%，还有少量冰雪融水补给。长江流量还存在季节变化明显的特征。夏季流量大，冬季流量小。上游的直门达水文站在洪水期流量可达数千立方米每秒，而枯水期流量可能只有几百立方米每秒；中下游的大通水文站年平均流量约 29 300m³/s，洪水期流量可达 7 万~8 万 m³/s。受降水和支流来水等因素影响，长江水位有明显的涨落变化。长江干支流的水位受降水、径流和人类活动等多种因素影响，呈现出明显的季节性变化。夏季降水集中，水位上涨；冬季降水减少，水位下降。此外，人类活动如水库调节、灌溉和航运等也会对水位产生影响。长江干流的流速较快，特别是在上游地区，虎跳峡一带流速可达数米每秒；随着河流向下游流动，流速逐渐减慢，中游河段流速相对平缓，一般在 1~2m/s；下游地势平坦，流速更缓，在 0.5~1m/s。这些流速变化影响了泥沙沉积、鱼类洄游等生态过程。

长江流域具有独特的自然地理特征和气候水文条件，这些条件对渔业水域的生态环境和渔业生产存在重要影响。在长江流域的渔业生产中，需要充分考虑这些自然条件的影响，制定合理的渔业规划和管理措施，以实现渔业的可持续发展。

02

第 2 章　研究背景与意义

2.1 研 究 背 景

长江流域是我国淡水渔业的摇篮，历史记录有分布的鱼类多达 443 种（杨海乐等，2023），其中纯淡水鱼类 350 种左右，淡水鱼类之多居全国各水系之首。在我国主要的淡水养殖对象中，长江自然分布的不少于 26 种，为我国淡水渔业的发展提供了丰富的种质资源（刘建康和曹文宣，1992）。在历史最高峰时，长江的捕捞量曾占到当时全国淡水捕捞总产量的 60%。长江是我国重要的渔业生产基地，对保障我国的水产品供应发挥了关键作用。长江渔业在我国渔业经济中曾具有举足轻重的地位，不仅渔业捕捞产量高，相关的渔业加工、贸易等产业也十分发达，带动了沿江地区大量人口的就业和经济发展，为我国经济腾飞作出过重要贡献。

长江流域拥有众多珍稀、濒危的水生生物，如中华鲟、长江江豚等，这些物种是生态系统的重要组成部分，对于维护生物多样性具有不可替代的作用。此外，长江流域的渔业水域还为大量的浮游生物、底栖生物等提供了栖息和繁衍的场所，促进了整个生态系统的稳定和平衡。长江作为我国重要的生态廊道，其渔业水域连接了不同的生态系统，如河流、湖泊、湿地等，为生物的迁徙、扩散和交流提供了通道及栖息地，有利于物种的基因交流和种群的繁衍，增强了生态系统的稳定性和适应性。

通过对渔业水域生态环境的详细调查，人们可全面掌握长江流域水体、底质、生物群落等各要素的具体情况；明确水质的酸碱度、溶解氧、各类污染物含量水平，知悉底质中营养物质及有害物质的积累情况；清晰了解浮游生物、底栖生物等不同水生生物的种类、数量、分布规律等。区分不同江段、支流、湖泊等区域的生态环境特征差异，可为针对性的区域生态保护规划提供可靠支撑。对渔业水域生态环境各项指标的分析，为深入探索长江生态系统的结构完整性和功能稳定性，观察其物质循环状况、能量流动情况，以及研究生物多样性水平等奠定基础，为科学评判整个生态系统的健康程度提供支持。

调查所获取的翔实数据能够为渔业管理部门制定科学合理的渔业资源保护政策提供有力依据，使各项管理措施紧密贴合实际生态与渔业资源现状，真正发挥保护和促进的作用。健康的渔业水域生态环境是渔业产业得以持续繁荣的基础保障。定期开展生态环境调查，及时发现并解决诸如水质污染等生态问题，能够维持稳定的渔业资源产量和品质，保障渔业从业者的经济收益，避免因渔业资源匮乏导致的产业衰退风险。

渔业水域生态环境调查对推动渔业产业向绿色、生态、可持续方向转型具有重要意义。开展渔业水域生态环境调查是长江生态保护和渔业可持续发展的重要基石，在维护长江流域生态平衡、推动渔业经济持续健康发展等诸多方面都起着不可或缺的关键作用。

2.2 研 究 意 义

　　长江作为中国第一大河，横跨东、中、西部多个省份。长江流域不仅是我国重要的淡水资源宝库，也是我国渔业生产的核心区域之一。其丰富的水资源、多样的生态环境和悠久的历史文化背景，共同塑造了长江流域渔业的独特地位。首先，从产量上看，长江流域的渔业产量曾在全国渔业总产量中占有显著比例。多种经济价值较高的鱼类，如中华鲟、长江刀鱼、四大家鱼（青鱼、草鱼、鲢、鳙）等，长期以来为我国渔业生产提供了大量优质的水产品，为周边乃至全国的渔业市场提供了丰富的资源。十年禁渔计划实施前，这些鱼类不仅是人们餐桌上的佳肴，也是许多渔民赖以生存的重要经济来源，是我国渔业经济收入的重要来源之一；十年禁渔计划实施后仍为重要的种质资源宝库，为我国渔业发展提供了重要支撑。其次，长江流域的渔业在维护生态平衡方面发挥着不可替代的作用。鱼类作为水生生态系统中的关键物种，通过食物链的调节，在水质净化、生物多样性保护等方面具有重要影响。长江流域复杂的生态系统，为多种水生生物提供了栖息地和繁殖场所，从而维护了整个流域的生态平衡。此外，长江流域的渔业还具有深厚的历史文化价值。自古以来，长江就是中国渔文化的重要发源地之一。沿江而居的渔民，通过世代相传的捕鱼技艺和渔歌渔舞，形成了独特的渔文化景观。这些文化遗产不仅丰富了中华民族的文化内涵，也为旅游业的发展提供了宝贵的资源。

　　从生态角度来看，长江流域渔业是整个长江生态系统的重要组成部分。众多鱼类在长江水域中处于不同的营养级，通过捕食、被捕食关系构建起复杂的食物链和食物网，维持着水域生态系统的能量流动和物质循环。例如，滤食性鱼类可以过滤水中的浮游生物等，起到净化水质的作用；一些肉食性鱼类对控制其他小型水生生物种群数量、维持生物多样性有着积极意义。同时，鱼类的洄游等行为还对连通长江不同水域、促进不同区域间的生态交流和物质交换有着不可替代的作用，像中华鲟等珍稀鱼类的洄游习性，使得它们在长江不同江段及海洋之间穿梭，带动了相关生态要素的传递，对整个长江流域乃至河口地区的生态系统稳定性都至关重要。

　　随着工业化、城市化的加速推进，长江流域的渔业水域生态环境面临着前所未有的挑战。水体污染、过度捕捞、生态破坏等问题日益严重，对长江流域的渔业资源和生态系统产生了巨大威胁。因此，开展渔业水域生态环境调查能够使人们全面、准确地掌握长江渔业水域的水质、初级生产力等状况，进而有针对性地采取治理措施，减少污染物对水生生物的毒害，保护长江水域内众多鱼类及其他水生生物的生存环境，维护整个长江生态系统的生物多样性，在长江生态保护、渔业可持续发展、保障生态系统的完整性、促进生态系统结构和功能的正常运转等方面具有重要意义。

03

第 3 章　研究方法

3.1 研究区域、时间及内容

　　渔业生态环境现状研究水域包括长江从河源区沱沱河、金沙江、长江上游、三峡库区、长江中游、长江下游到长江口的所有干流区域，雅砻江、横江、岷江（含大渡河）、赤水河、沱江、嘉陵江、乌江和汉江等主要支流，以及洞庭湖和鄱阳湖两大重要通江湖泊。

　　长江干流水域，沱沱河设置 1 个站位，格日罗村、唐古拉山镇和唐古拉山镇下游 3 个断面；金沙江设置上、中、下游各 1 个站位，上游波罗乡 1 个断面，中游银江镇、雅砻江河口和金沙村 3 个断面，下游新市镇 1 个断面；长江上游设置 5 个站位，从上到下分别为挂弓山、泸州（纳溪区）、泸州（合江县）、江津和巴南；三峡库区设置 4 个站位，木洞站位为铜锣峡口、木洞镇和庄咀断面，涪陵站位为鸣羊嘴和石柱子断面，万州站位为谭绍村、万州区和瞿塘峡口断面，巫山站位为下马滩、骡坪镇和巫峡口断面；长江中游从上到下设置宜昌、石首、洪湖、武汉和湖口 5 个站位；长江下游从西向东设置安庆、铜陵、芜湖、当涂、镇江、靖江和常熟 7 个站位；长江口潮下带设置南支、北支、南港和北港 4 个站位，长江口潮间带设置崇明、东滩和九段沙 3 个站位。

　　长江主要支流水域，雅砻江设置雅江和金河 2 个站位；横江设置普洱渡 1 个站位；大渡河设置上、中、下游 3 个站位，分别为双江口、泸定和沙湾；岷江设置上游和下游 2 个站位，包括松潘、桥沟和宜宾口门 3 个断面；沱江设置上、中、下游 3 个站位，分别为资阳、四美桥村和泸州；赤水河设置上、中、下游 3 个站位，包括镇雄、茅台、赤水和合江 4 个断面；嘉陵江设置上、中、下游 3 个站位，分别为广元、南充和合川；乌江设置 1 个站位，包括纳雍、播州和思南 3 个断面；汉江设置上、中、下游 3 个站位，包括汉中、老河口和钟祥 3 个断面。

　　长江大型通江湖泊水域，洞庭湖湖体设置西、南、东 3 个站位和湘江、资江、沅江、澧水 4 个入湖口站位；鄱阳湖设置湖口、湖区、上游 3 个站位，具体采样断面分别为湖口、庐山、都昌、余干、鄱阳 5 个断面，同时设置赣江、信江、抚河、饶河、修河入湖口断面。

　　长江流域水质分析以 2019 年重点调查年各水域各站位繁殖期、育肥期和越冬期 3 次为主进行总结分析；浮游动植物和水生植物密度及生物量以 2019 年数据为主，种类和名录综合 2017～2021 年 5 年数据；底栖动物和人类活动采用 2017～2021 年 5 年数据进行综合分析。

3.2 样 品 采 集

3.2.1 水质样品采集

　　现场测定使用 YSI 多参数水质分析仪（型号：YSI 6600 或哈希 HQ30d），测定指标包括水温（WT）、溶解氧（DO）、电导率（Cond）、浊度（Turb）、pH、叶绿素 a（Chl a）、悬浮物（SS）；采用手持式全球定位系统（GPS）（型号：Garmin GPS 72）记录采样站位的海拔（ASL）和经纬度。现场测定的同时，使用 5L 有机玻璃采水器采集 0.5m 处水样，储存于 1L 的全氟乙烯瓶中，于 4℃冷藏保存带回实验室进行水化学指标的测定，指标包括总氮（TN）、总磷（TP）、高锰酸盐指数（COD_{Mn}）等。

3.2.2　浮游植物样品采集

本研究根据《淡水浮游生物研究方法》（章宗涉和黄祥飞，1991）中规定的调查方法，采集浮游植物定性和定量样品。定性样品采用 25# 浮游生物网（网孔直径 0.064mm）于水面下 0.5m 处以 "∞" 形捞取 8～10min，过滤浓缩至 50ml，装入标本瓶，并立即用 4% 甲醛溶液固定保存。定量样品采用有机玻璃采水器，在水面下 0.5m 采集 1L 混合水样，并立即用鲁氏碘液固定，沉淀 48h 后浓缩至 30ml，加入 4% 甲醛溶液固定保存带回实验室进行种类鉴定和计数。

3.2.3　浮游动物样品采集

依据《渔业生态环境监测规范 第 3 部分：淡水》（SC/T 9102.3—2007），于水下 0.5m 取 1L 水样加入鲁氏碘液固定，静置 24h 后用虹吸管吸去上清液，剩余沉淀物倒入 50ml 采样瓶中进行物种鉴定及计数。枝角类和桡足类定量样品采集 50L 水样，经 25# 浮游生物网滤缩后放入 100ml 采样瓶中，加 4% 甲醛溶液固定后鉴定并计数。

3.2.4　底栖动物样品采集

依据《渔业生态环境监测规范 第 3 部分：淡水》（SC/T 9102.3—2007），使用索伯网（50cm×50cm）进行采样，采集 4 个有代表性的样方。将样品过 40 目分样筛后，置入白瓷盘中，再用 75% 乙醇固定。将采集的样品分类装入样品瓶，于实验室进行种类分类、鉴定和计数。

3.3　样品分析与鉴定

3.3.1　水质样品分析

调查和分析技术规范参考《渔业生态环境监测规范 第 1 部分：总则》（SC/T 9102.1—2007）、《渔业生态环境监测规范 第 3 部分：淡水》（SC/T 9102.3—2007）、《渔业生态环境监测规范 第 4 部分：资料处理与报告编制》（SC/T 9102.4—2007）。

水质监测结果按照《渔业水质标准》（GB 11607—1989）进行评价，《渔业水质标准》未列出项目，根据《地表水环境质量标准》（GB 3838—2002）Ⅲ类水标准进行评价。

3.3.2 浮游植物样品鉴定

定性样品带回实验室后直接镜检。定量样品需在实验室静置 48h 后，定容至 30ml 再进行种类鉴定和计数。物种鉴定参照《中国淡水生物图谱》（韩茂森和束蕴芳，1995）和《中国淡水藻类：系统、分类及生态》（胡鸿钧和魏印心，2006）等资料进行。

3.3.3 浮游动物样品鉴定

原生动物、轮虫样品带回实验室后直接镜检，枝角类、桡足类样品需在实验室静置 48h 后，定容至 30ml 再进行种类鉴定和计数。原生动物、轮虫、枝角类和桡足类鉴定参考相关文献，如《淡水浮游生物研究方法》（章宗涉和黄祥飞，1991）、《淡水浮游生物图谱》（韩茂森等，1980）、《中国淡水轮虫志》（王家楫，1961）、《中国动物志 节肢动物门 甲壳纲 淡水枝角类》（蒋燮治和堵南山，1979）、《中国动物志 节肢动物门 甲壳纲 淡水桡足类》（中国科学院动物研究所甲壳动物研究组，1979）和《微型生物监测新技术》（沈韫芬等，1990）等。

3.3.4 底栖动物样品鉴定

底栖动物样品带回实验室后直接进行镜检，种类鉴定参考《中国经济动物志 淡水软体动物》（刘月英等，1979）、《中国小蚓类研究：附中国南极长城站附近地区两新种》（王洪铸，2002）和《医学贝类学》（刘月英等，1993）等。

3.4 评价方法

3.4.1 水质指标评价

水质采用综合污染指数法和单因子评价法两种方法进行评价（吴岳玲，2020），水质评价指标及标准具体见表 3.1。综合污染指数计算公式为

$$P = \frac{1}{n}\sum_{i=1}^{n}P_i$$

$$P_i = C_i/S_i$$

式中，P 为综合污染指数；P_i 为 i 污染物的污染指数；n 为污染物的种类；C_i 为 i 污染物实测浓度平均值（mg/L 或个 /L）；S_i 为 i 污染物评价标准值（mg/L 或个 /L）。

表 3.1 水质评价指标及标准

评价指标	渔业水质标准	地表水水质标准				
		I	II	III	IV	V
pH	6.5～8.5	6～9mg/L				
溶解氧	连续 24h 中，16h 以上必须大于 5mg/L，其余任何时候不得低于 3mg/L	饱和率 90%（或 7.5mg/L）	6mg/L	5mg/L	3mg/L	2mg/L
高锰酸盐指数	≤ –	2mg/L	4mg/L	6mg/L	10mg/L	15mg/L
总氮（湖、库，以 N 计）	≤ –	0.2mg/L	0.5mg/L	1mg/L	1.5mg/L	2mg/L
总磷（湖、库，以 P 计）	≤ –	0.02mg/L（湖、库 0.01mg/L）	0.1mg/L（湖、库 0.025mg/L）	0.2mg/L（湖、库 0.05mg/L）	0.3mg/L（湖、库 0.1mg/L）	0.4mg/L（湖、库 0.2mg/L）
氨氮（NH_3-N）	≤ –	0.15mg/L	0.5mg/L	1mg/L	1.5mg/L	2mg/L
铜	≤ 0.01mg/L	0.01mg/L	1mg/L	1mg/L	1mg/L	1mg/L
镉	≤ 0.005mg/L	0.001mg/L	0.005mg/L	0.005mg/L	0.005mg/L	0.01mg/L
铅	≤ 0.05mg/L	0.01mg/L	0.01mg/L	0.05mg/L	0.05mg/L	0.1mg/L
汞	≤ 0.000 5mg/L	0.000 05mg/L	0.000 05mg/L	0.0001mg/L	0.001mg/L	0.001mg/L
砷	≤ 0.05mg/L	0.05mg/L	0.05mg/L	0.05mg/L	0.1mg/L	0.1mg/L
挥发酚	≤ 0.005mg/L	0.002mg/L	0.002mg/L	0.005mg/L	0.01mg/L	0.1mg/L
石油类	≤ 0.05mg/L	0.05mg/L	0.05mg/L	0.05mg/L	0.5mg/L	1mg/L

注："–"表示《渔业水质标准》无此项指标

3.4.2 浮游植物多样性分析

选择物种优势度指数（$Y \geqslant 0.02$ 为优势种）对浮游植物群落的物种多样性进行分析，各指数计算公式为

$$Y=(n_i/N) \times f_i$$

式中，N 为同一样点中浮游植物个体总数；n_i 为第 i 种浮游植物的个体数；f_i 为第 i 种浮游植物出现的频率。

3.4.3 浮游动物多样性分析

选择物种优势度指数（$Y \geqslant 0.02$ 为优势种）对浮游动物群落的物种多样性进行分析，各指数计算公式为

$$Y=(n_i/N) \times f_i$$

式中，N 为同一样点中浮游动物个体总数；n_i 为第 i 种浮游动物的个体数；f_i 为第 i 种浮游动物出现的频率。

3.4.4 底栖动物多样性分析

选择物种优势度指数（$Y \geqslant 0.02$ 为优势种）对底栖动物群落的物种多样性进行分析，各指数计算公式为

$$Y=(n_i/N) \times f_i$$

式中，N 为同一样点中底栖动物个体总数；n_i 为第 i 种底栖动物的个体数；f_i 为第 i 种底栖动物出现的频率。

04

第 4 章　长江流域渔业水域生态环境现状

4.1 长江流域渔业水域水质现状

4.1.1 全流域概况

根据《渔业水质标准》，长江流域水质总体较好，基本符合《渔业水质标准》，可以满足鱼类生长繁殖需求。根据《地表水环境质量标准》Ⅲ类水标准，总氮和总磷为主要超标污染物。高锰酸盐指数、pH、挥发酚、重金属铜、重金属汞和石油类仅在部分站位的部分时期超标。水质综合污染指数评价结果表明，长江水域水质基本处于较好到中度污染水平，但横江的水质处于严重污染（重金属汞严重超标）水平。其他调查区域水体整体水质尚可。

总体来看，长江干流水质情况普遍优于两湖和支流；支流区域水质好于两湖，在部分时期有例外。受人类活动影响小的支流水域水质优于受人类活动影响较大的支流水域水质（图4.1）。

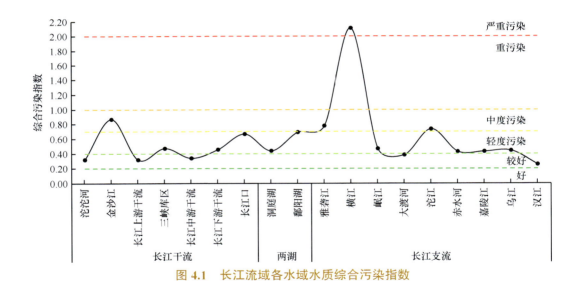

图 4.1 长江流域各水域水质综合污染指数

4.1.2 长江干流

长江干流水质总体较好，总氮和总磷为主要和普遍超标污染物。综合污染指数结果表明，水质总体为较好到中度污染。在不计总氮和总磷的情况下，长江源至长江中游水质可达地表水Ⅰ类水标准，下游干流和长江口达地表水Ⅳ类水标准。挥发酚和石油类对下游干流和长江口水质影响较大。长江干流从上游到下游总氮超标呈上升趋势，在长江口超标程度有所下降；总磷超标呈下降的趋势，超标最严重的在金沙江干流，最大超标倍数出现于金沙江干流奔子栏站位，为 34 倍（但 2017 年、2018 年春季、2020 年的监测数据显示金沙江干流的总磷超标倍数不高，数据显示仅 2018 年秋季和 2019 年超标严重，分析为偶发事件）；高锰酸盐指数、pH、挥发酚、重金属铜和石油类指标超标的现象在某些时期偶然出现，且超标倍数相对较低，主要为一过性污染。

对超标指标进行统计分析的结果表明，总氮含量范围为 0.100～5.995mg/L，平均值为 1.519mg/L，超标率为 72.3%；总磷含量范围为 0.012～6.800mg/L，平均值为 0.365mg/L，超标率为 58.4%；pH 范围为 7.45～10.66，平均值为 8.35，超标率为 27.7%；挥发酚含量范围为未检出（ND）～16.049μg/L，平均值为 2.291μg/L，超标率为 3.6%；石油类含量范围为 ND～0.110mg/L，平均值为 0.036mg/L，超标率为 8.0%；高锰酸盐指数范围为 0.580～6.060mg/L，平均值为 1.911mg/L，超标率为 0.7%；重金属铜含量范围为 ND～10.828μg/L，平均值为 2.299μg/L，超标率为 0.7%。2019 年长江干流水质的全年平均综合污染指数和各时期综合污染指数如图 4.2 和图 4.3 所示。

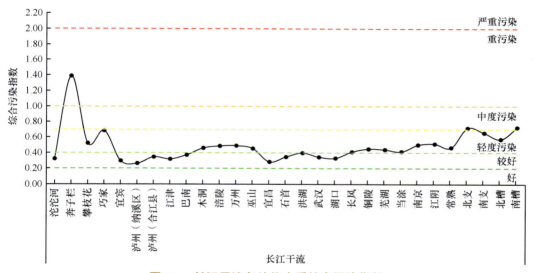

图 4.2　长江干流各站位水质综合污染指数

全年中，长江干流总氮超地表水Ⅲ类水标准的标准指数范围为 1.041～5.995；总磷超地表水Ⅲ类水标准的标准指数范围为 1.016～34.000；pH 超渔业水质标准的标准指数范围为 1.013～2.440；挥发酚超渔业水质标准的标准指数范围为 1.663～3.210；石油类超渔业水质标准的标准指数范围为 1.035～2.200；高锰酸盐指数超渔业水质标准的标准指数为 1.010；重金属铜超渔业水质标准的标准指数为 1.083。

长江干流繁殖期主要超标指标是总氮、总磷、pH、挥发酚、石油类和重金属铜：总氮含量范围为 0.100～5.995mg/L，平均值为 1.588mg/L，超标率为 65.9%，标准指数范围为 1.041～5.995；总磷含量范围为 0.029～1.300mg/L，平均值为 0.298mg/L，超标率为 57.4%，标准指数范围为 1.016～6.500；pH 范围为 7.45～9.47，平均值 8.33，超标

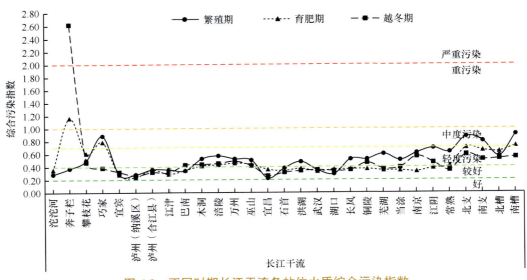

图 4.3　不同时期长江干流各站位水质综合污染指数

率为34.0%，标准指数范围为1.027~1.647；挥发酚含量范围为ND~10.537μg/L，平均值为2.722μg/L，超标率为4.3%，标准指数范围为1.663~2.107；石油类含量范围为ND~0.075mg/L，平均值为0.055mg/L，超标率为14.9%，标准指数范围为1.035~1.500；重金属铜含量范围为ND~10.828μg/L，平均值为2.299μg/L，超标率为2.1%，标准指数为1.083。育肥期主要超标指标是总氮、总磷、pH和石油类：总氮含量范围为0.200~4.400mg/L，平均值为1.461mg/L，超标率为74.5%，标准指数范围为1.081~4.400；总磷含量范围为0.012~2.280mg/L，平均值为0.344mg/L，超标率为61.7%，标准指数范围为1.016~11.400；pH范围为7.68~10.66，平均值8.52，超标率为40.4%，标准指数范围为1.042~2.440；石油类含量范围为ND~0.110mg/L，平均值为0.035mg/L，超标率为8.5%，标准指数范围为1.100~2.200。越冬期主要超标指标是总氮、总磷、pH和挥发酚：总氮含量范围为0.100~4.000mg/L，平均值为1.505mg/L，超标率为70.2%，标准指数范围为1.200~4.000；总磷含量范围为0.043~6.800mg/L，平均值为0.463mg/L，超标率为51.1%，标准指数范围为1.050~34.000；pH范围为7.55~8.73，平均值8.18，超标率为6.4%，标准指数范围为1.013~1.153；挥发酚含量范围为ND~16.049μg/L，平均值为2.595μg/L，超标率为6.4%，标准指数范围为1.844~3.210。

4.1.3　长江主要支流

　　长江重点禁捕水域支流的水质总体较好。根据综合污染指数，横江为严重污染，其主要是重金属汞严重超标，其次是总氮和总磷超标；雅砻江和沱江为中度污染，岷江、赤水河、嘉陵江和乌江为轻度污染，大渡河和汉江水质较好。根据《地表水环境质量标准》，在不计总氮和总磷的情况下，岷江、大渡河、沱江、赤水河、嘉陵江、乌江和汉江水质均可达地表水Ⅲ类水标准，其中赤水河和乌江可达地表水Ⅰ类水标准，但雅砻江和横江水质分别达地表水Ⅳ类和劣Ⅴ类，原因是雅砻江重金属汞、重金属铜和石油类超标，横江重金属汞严重超标。

　　总氮和总磷仍为长江支流的主要污染物，高锰酸盐指数、重金属汞、重金属铜和石油类在部分站位超标。结果表明，影响雅砻江水域环境质量的污染物主要有总磷、重金属铜、重金属汞和石油类；影响横江水域环境质量的污染物主要有总氮、总磷和重金属汞；影响岷江水域环境质量的污染物主要有总氮、总磷及重金属铜；影响大渡河水域环境质量的污染物主要有总氮、重金属铜；沱江水域环境主要超标指标有总氮、总磷和高锰酸盐指数；影响赤水河水域环境质量的污染物主要是总氮；影响嘉陵江水域环境质量的污染物主要有总氮、总磷；影响乌江水域环境质量的污染物主要是总氮；影响汉江水域环境质量的污染物主要是总氮、总磷。总体来看，各支流从上游到下游污染程度呈增加趋势，一般上游水质好于下游。2019年长江主要支流水质的全年平均综合污染指数和各时期综合污染指数如图4.4和图4.5所示。

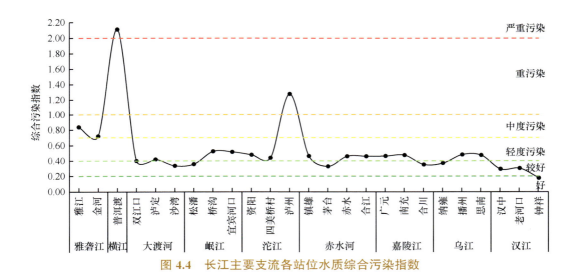

图 4.4　长江主要支流各站位水质综合污染指数

图 4.5　不同时期长江主要支流各站位水质综合污染指数

对超标指标进行统计分析的结果表明，支流的总氮含量范围为 ND～5.656mg/L，平均值为 1.594mg/L，超标率为 57.8%；总磷含量范围为 0.010～0.830mg/L，平均值为 0.217mg/L，超标率为 39.4%；高锰酸盐指数范围为 1.100～6.190mg/L，平均值为 2.415mg/L，超标率为 0.9%；重金属铜含量范围为 ND～50.000μg/L，平均值为 10.590μg/L，超标率为 19.9%；重金属汞含量范围为 ND～15.630μg/L，平均值为 0.550μg/L，超标率为 5.7%。

全年中，长江支流总氮超地表水Ⅲ类水标准的标准指数范围为 1.027～5.565；总磷超地表水Ⅲ类水标准的标准指数范围为 1.150～4.150；高锰酸盐指数超渔业水质标准的标准指数为 1.032；重金属铜超渔业水质标准的标准指数范围为 1.034～5.000；重金属汞超渔业水质标准的标准指数范围为 2.200～31.264。

结果表明，影响雅砻江水域环境质量的污染物主要有总磷、重金属铜、重金属汞和石油类：总磷含量范围为 0.010～0.755mg/L，平均值为 0.153mg/L，超标率为 16.7%，标准指数为 3.775；重金属铜含量均为 50μg/L，超标率为 100.0%，标准指数为 5；重金属汞含量范围为 ND～1.25μg/L，平均值为 0.411μg/L，超标率为 33.3%，标准指数范围为 2.400～2.500；石油类含量范围为 ND～0.0725mg/L，平均值为 0.051mg/L，超标率为 33.3%，标准指数范围为 1.000～1.450。

雅砻江繁殖期主要超标指标是重金属铜、重金属汞和石油类：重金属铜含量均为 50.000μg/L，超标率为 100.0%，标准指数为 5；重金属汞含量范围为 1.100～1.400μg/L，平均值为 1.230μg/L，超标率为 100.0%，标准指数范围为 2.200～2.800；石油类含量范围为 0.030～0.130mg/L，平均值为 0.061mg/L，超标率为 100.0%，标准指数范围为 1.200～2.600。育肥期主要超标指标是总磷和重金属铜：总磷含量范围为 0.010～0.860mg/L，平均值 0.390mg/L，超标率为 50.0%，标准指数范围为 3.200～4.300；重金属铜含量均为 50.000μg/L，超标率为 100.0%，标准指数为 5。越冬期主要超标指标为重金属铜：重金属铜含量均为 50.000μg/L，超标率为 100.0%，标准指数为 5。

结果表明，影响岷江水域环境质量的污染物主要有总磷、总氮和重金属铜：总磷含量范围为 0.085～0.257mg/L，平均值为 0.163mg/L，超标率为 22.2%，标准指数范围为 1.233～1.293；总氮含量范围为 0.532～1.840mg/L，平均值为 1.224mg/L，超标率为 66.7%，标准指数范围为 1.192～1.840；重金属铜含量范围为 2.404～15.804μg/L，平均值为 6.930μg/L，超标率为 22.2%，标准指数范围为 1.096～1.580。

岷江繁殖期主要超标指标是总氮、总磷和重金属铜：总氮含量范围为 0.705～1.840mg/L，平均值为 1.375mg/L，超标率为 66.7%，标准指数范围为 1.580～1.840；总磷含量范围为 0.115～0.247mg/L，平均值为 0.166mg/L，超标率为 33.3%，标准指数为 1.233；重金属铜含量范围为 5.382～15.802μg/L，平均值 8.876μg/L，超标率为 33.3%，标准指数为 1.580。育肥期主要超标指标是总氮和重金属铜：总氮含量范围为 0.615～1.597mg/L，平均值为 1.224mg/L，超标率为 66.7%，标准指数范围为 1.460～1.597；重金属铜含量范围为 7.775～10.961μg/L，平均值为 9.267μg/L，超标率为 33.3%，标准指数为 1.096。越冬期主要超标指标是总氮和总磷：总氮含量范围为 0.532～1.499mg/L，平均值 1.074mg/L，超标率为 66.7%，标准指数范围为 1.192～1.499；总磷含量范围为 0.156～0.259mg/L，平均值为 0.205mg/L，超标率为 33.3%，标准指数为 1.293。

结果表明，影响大渡河水域环境质量的污染物主要有总氮、重金属铜：总氮含量范围为 0.830～1.800mg/L，平均值为 1.129mg/L，超标率为 44.4%，标准指数范围为 1.100～1.800；重金属铜含量范围为 2.345～10.918μg/L，平均值为 4.875μg/L，超标率为 22.2%，标准指数范围为 1.034～1.089。

大渡河繁殖期主要超标指标是总氮。总氮含量范围为 0.875～1.800mg/L，平均值为 1.262mg/L，超标率为 66.7%，标准指数范围为 1.110～1.800。育肥期主要超标指标是总氮和重金属铜：总氮含量范围为 0.830～1.590mg/L，平均值为 1.123mg/L，超标率为 33.3%，标准指数为 1.590；重金属铜含量范围为 4.193～10.982μg/L，平均值为 8.506μg/L，超标率为 66.7%，标准指数范围为 1.034～1.098。越冬期主要超标指标是总氮：总氮含量范围为 0.836～1.252mg/L，平均值为 1.001mg/L，超标率为 33.3%，标准指数为 1.252。

结果表明，影响横江水域环境质量的污染物主要有总氮、总磷和重金属汞：总氮含量范围为 1.800～8.800mg/L，平均值为 2.980mg/L，超标率为 100%，标准指数范围为 1.800～8.800；总磷含量范围为 0.380～0.700mg/L，平均值为 0.520mg/L，超标率为 100%，标准指数范围为 1.900～3.500；重金属汞含量范围为 2.240～15.630μg/L，平均值为 5.800μg/L，超标率为 100%，标准指数范围为 11.374～11.824。

横江繁殖期主要超标指标是总氮、总磷和重金属汞：总氮含量范围为 1.800～8.800mg/L，平均值为 3.740mg/L，超标率为 100.0%，标准指数范围为 1.800～8.800；总磷含量范围为 0.420～0.580mg/L，平均值为 0.510mg/L，超标率为 100%，标准指数范围为 2.100～2.900；重金属汞含量范围为 2.240～15.630μg/L，平均值为 5.910μg/L，超标率为 100.0%，标准指数范围为 4.480～31.260。育肥期主要超标指标是总氮、总磷和重金属汞：总氮含量范围为 1.800～3.300mg/L，平均值为 2.230mg/L，超标率为 100.0%，标准指数范围为 1.800～3.300；总磷含量范围为 0.370～0.700mg/L，平均值为 0.540mg/L，超标率为 100%，标准指数范围为 1.850～3.500；重金属汞含量范围为 3.220～10.250μg/L，平均值为 5.690μg/L，超标率为 100.0%，标准指数范围为 6.440～20.500。

结果表明，沱江水域环境主要超标指标有总氮、总磷和高锰酸盐指数：总氮含量范围为 2.898～3.491mg/L，平均值为 3.140mg/L，超标率为 100%，标准指数范围为 2.898～3.490；总磷含量范围为 0.140～0.490mg/L，平均值为 0.250mg/L，超标率为 50.0%，标准指数范围为 1.250～2.300；高锰酸盐指数范围为 2.080～6.190mg/L，平均值为 3.220mg/L，超标率为 25.0%，标准指数为 1.032。

结果表明，影响赤水河水域环境质量的污染物主要是总氮：总氮含量范围为 1.040～4.930mg/L，平均值为 3.410mg/L，超标率为 100.0%，标准指数范围为 1.040～4.930。

赤水河繁殖期主要超标指标是总氮：总氮含量范围为 1.040～3.970mg/L，平均值为 2.980mg/L，超标率为 100.0%，标准指数范围为 1.040～3.970。育肥期主要超标指标是总氮：总氮含量范围为 2.930～4.930mg/L，平均值为 4.000mg/L，超标率为 100.0%，标准指数范围围为 2.930～4.930。越冬期主要超标指标是总氮：总氮含量范围为 2.600～3.970mg/L，平均值为 3.270mg/L，超标率为 100.0%，标准指数范围为 2.600～3.970。

结果表明，影响嘉陵江水域环境质量的污染物主要有总氮和总磷：总氮含量范围为

0.100～3.100mg/L，平均值为0.990mg/L，超标率为42.2%，标准指数范围为1.100～3.100；总磷含量范围为0.030～0.830mg/L，平均值为0.328mg/L，超标率为68.4%，标准指数范围为1.150～4.150。

嘉陵江繁殖期主要超标指标是总氮和总磷：总氮含量范围为1.100～3.100mg/L，平均值为1.915mg/L，超标率为100.0%，标准指数范围为1.100～3.100；总磷含量范围为0.047～0.830mg/L，平均值为0.398mg/L，超标率为78.9%，标准指数范围为1.650～4.150。育肥期主要超标指标是总氮和总磷：总氮含量范围为0.100～2.600mg/L，平均值为0.461mg/L，超标率为5.3%，标准指数为2.600；总磷含量范围为0.050～0.810mg/L，平均值为0.382mg/L，超标率为78.9%，标准指数范围为1.600～4.050。越冬期主要超标指标是总氮和总磷：总氮含量范围为ND～1.993mg/L，平均值为0.594mg/L，超标率为21.1%，标准指数范围为1.653～1.993；总磷含量范围为0.030～0.510mg/L，平均值为0.203mg/L，超标率为42.1%，标准指数范围为1.150～2.550。

结果表明，影响乌江水域环境质量的污染物主要是总氮，其次是pH：总氮含量范围为2.407～5.565mg/L，平均值为3.508mg/L，超标率为100.0%，标准指数范围为2.407～5.565；pH在5月和8月为8.63和8.69，超过渔业水质标准pH的上限值8.5，其他月份都符合相关标准。

乌江繁殖期主要超标指标是总氮和pH：总氮含量范围为2.625～5.565mg/L，平均值为3.970mg/L，超标率为100.0%，标准指数范围为2.625～5.565；pH范围为8.02～8.63，平均值为8.38，超标率为33.3%，标准指数为1.087。育肥期主要超标指标是总氮和pH：总氮含量范围为2.407～3.717mg/L，平均值为3.115mg/L，超标率为100.0%，标准指数范围为2.407～3.717；pH范围为7.49～8.69，平均值为8.08，超标率为33.3%，标准指数为1.127。越冬期主要超标指标是总氮：总氮含量范围为3.093～4.065mg/L，平均值为3.483mg/L，超标率为100.0%，标准指数范围为3.093～4.065。

结果表明，影响汉江水域环境质量的污染物主要是总氮和总磷：总氮含量范围为0.827～1.910mg/L，平均值为1.234mg/L，超标率为66.7%，标准指数范围为1.027～1.910；总磷含量范围为0.012～0.307mg/L，平均值为0.095mg/L，超标率为11.1%，标准指数为1.535。

汉江繁殖期主要超标指标是总氮：总氮含量范围为0.957～1.910mg/L，平均值为1.298mg/L，超标率为66.7%，标准指数范围为1.027～1.910。育肥期主要超标指标是总氮：总氮含量范围为0.957～1.910mg/L，平均值为1.298mg/L，超标率为66.7%，标准指数范围为1.027～1.910。越冬期主要超标指标是总氮和总磷：总氮含量范围为0.827～1.250mg/L，平均值为1.107mg/L，超标率为66.7%，标准指数范围为1.243～1.250；总磷含量范围为0.038～0.307mg/L，平均值为0.136mg/L，超标率为33.3%，标准指数为1.535。

总体来看，各支流从上游到下游污染程度呈增加趋势，一般上游水质较下游好一些。汉江是水质相对较好的支流，沱江水质较差，大渡河、赤水河、嘉陵江、乌江和岷江水质依次降低。

4.1.4 大型通江湖泊

两湖地区的水质指标总体较好，总氮和总磷为主要污染物，其次为石油类。根据综合污染指数，洞庭湖水质好于鄱阳湖；根据《地表水环境质量标准》，在不计总氮和总磷的情况下，鄱阳湖水质好于洞庭湖，鄱阳湖可达地表水Ⅱ类水标准。总体而言，洞庭湖渔业水质状况优于鄱阳湖。洞庭湖总氮污染程度略微高于鄱阳湖水域，总磷污染程度远低于鄱阳湖，且洞庭湖污染物超标的种类数少于鄱阳湖。

结果表明，影响洞庭湖水域环境质量的污染物主要是总氮和总磷：总氮含量范围为 1.210～3.270mg/L，平均值为 1.731mg/L，超标率为 100.0%；总磷含量范围为 0.020～0.080mg/L，平均值为 0.040mg/L，超标率为 4.8%。影响鄱阳湖水域环境质量的污染物主要是总磷、总氮和石油类：总磷含量范围为 0.021～0.745mg/L，平均值为 0.242mg/L，超标率为 56.7%；总氮含量范围为 0.645～2.445mg/L，平均值为 1.357mg/L，超标率为 76.6%；石油类含量范围为 0.02～0.13mg/L，平均值为 0.046mg/L，超标率为 30.0%。2019 年两湖水质的全年平均综合污染指数和各时期综合污染指数如图 4.6 和图 4.7 所示。

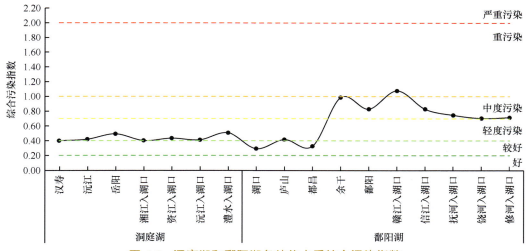

图 4.6 洞庭湖和鄱阳湖各站位水质综合污染指数

全年中，洞庭湖总氮超地表水Ⅲ类水标准的标准指数范围为 1.210～3.270；总磷超地表水Ⅲ类水标准的标准指数为 1.600。鄱阳湖总氮超地表水Ⅲ类水标准的标准指数范围为 1.045～2.445；总磷超地表水Ⅲ类水标准的标准指数范围为 1.62～14.9；石油类超渔业水质标准的标准指数范围为 1.3～2.4。

洞庭湖繁殖期主要超标指标是总氮和总磷：总氮含量范围为 1.660～3.270mg/L，平均值为 2.082mg/L，超标率为 100.0%，标准指数范围为 1.660～3.270；总磷含量范围为 0.040～0.080mg/L，平均值为 0.047mg/L，超标率为 14.3%，标准指数为 1.600。育肥期主要超标指标是总氮：总氮含量范围为 1.340～1.730mg/L，平均值为 1.547mg/L，超标率为 100%，标准指数范围为 1.340～1.730。越冬期主要超标指标是总氮：总氮含量范围为

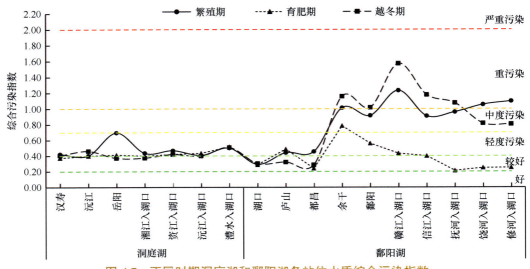

图 4.7　不同时期洞庭湖和鄱阳湖各站位水质综合污染指数

1.210～1.810mg/L，平均值为 1.564mg/L，超标率为 100.0%，标准指数范围为 1.340～1.730。

　　鄱阳湖繁殖期主要超标指标是总氮、总磷和石油类：总氮含量范围为 0.750～2.247mg/L，平均值为 1.257mg/L，超标率为 60.0%，标准指数范围为 1.215～2.247；总磷含量范围为 0.028～0.530mg/L，平均值为 0.330mg/L，超标率为 70.0%，标准指数范围为 7.067～10.600；石油类含量范围为 0.010～0.110mg/L，平均值为 0.049mg/L，超标率为 20.0%，标准指数范围为 1.867～1.867。育肥期主要超标指标是总氮和总磷：总氮含量范围为 0.645～2.050mg/L，平均值为 1.228mg/L，超标率为 80.0%，标准指数范围为 1.045～2.050；总磷含量范围为 0.016～0.313mg/L，平均值为 0.069mg/L，超标率为 30.0%，标准指数范围为 1.620～6.267。越冬期主要超标指标是总氮、总磷和石油类：总氮含量范围为 0.967～2.445mg/L，平均值为 1.588mg/L，超标率为 90.0%，标准指数范围为 1.333～2.445；总磷含量范围为 0.042～0.745mg/L，平均值为 0.327mg/L，超标率为 60.0%，标准指数范围为 5.400～14.900；石油类含量范围为 0.010～0.093mg/L，平均值为 0.030mg/L，超标率为 30.0%，标准指数范围为 1.300～1.867。

4.2　长江流域渔业水域浮游生物现状

4.2.1　浮游植物

1. 全流域概况

1）种类组成

全长江流域共调查到浮游植物 8 门 711 种（属），其中硅藻门种类数最多，共 298 种（属），所占比例为41.91%；其次为绿藻门，共229种（属），所占比例为32.21%；蓝藻门共89种（属），所占比例为12.52%；另有甲藻门、隐藻门、裸藻门、金藻门和黄藻门各22种（属）、11种（属）、36种（属）、16种（属）和10种（属），所占比例分别为3.09%、1.55%、5.06%、2.25%和1.41%（图4.8）。在所有调查到的浮游植物中，硅藻门的小环藻、变异直链藻、颗粒直链藻、舟形藻、菱形藻、尖针杆藻、肘状针杆藻、美丽星杆藻、粗壮双菱藻，绿藻门的衣藻、小球藻，以及裸藻门的裸藻等在全水域广泛存在。

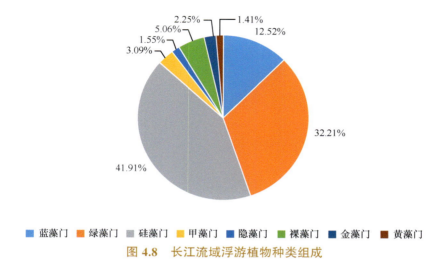

图4.8　长江流域浮游植物种类组成

2）优势种

全长江流域共有优势种7门96种（属），以硅藻门占显著优势，共48种（属），所占比例为50%；其次为蓝藻门，共21种（属），所占比例为21.88%；绿藻门共19种（属），所占比例为19.79%；另有甲藻门、隐藻门、裸藻门和金藻门各2种（属）、4种（属）、1种（属）和1种（属），所占比例分别为2.08%、4.17%、1.04%和1.04%。

3）密度

全长江流域浮游植物密度均值为141.25×10⁴cells/L±223.02×10⁴cells/L，变动范围为0.55×10⁴～1104.20×10⁴cells/L，其中干流浮游植物密度均值为45.36×10⁴cells/L±67.13×10⁴cells/L，支流浮游植物密度均值为176.52×10⁴cells/L±216.60×10⁴cells/L，两湖浮游植物密度均值为292.09×10⁴cells/L±421.75×10⁴cells/L。整体而言，浮游植物密度为两湖＞长江支流＞长江干流（图4.9）。

4）生物量

全长江流域浮游植物生物量均值为1.1052mg/L±1.5997mg/L，变动范围为0.0189～9.5008mg/L，其中干流浮游植物生物量均值为0.4062mg/L±0.4116mg/L，支流浮游植物生物量均值为1.1831mg/L±1.0830mg/L，两湖浮游植物生物量均值为2.6314mg/L±3.6456mg/L。整体而言，浮游植物生物量为两湖＞长江支流＞长江干流（图4.9）。

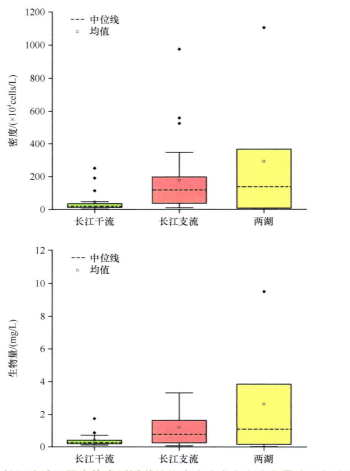

图 4.9　长江流域不同水体类型浮游植物密度（上）和生物量（下）差异

2. 长江干流

1）种类组成

长江干流共调查到浮游植物 8 门 484 种（属），其中硅藻门种类数最多，为 231 种（属），所占比例为 47.73%；其次为绿藻门，共 141 种（属），所占比例为 29.13%；蓝藻门共 57 种（属），所占比例为 11.78%；另有甲藻门、隐藻门、裸藻门、金藻门和黄藻门各 13 种（属）、8 种（属）、21 种（属）、8 种（属）和 5 种（属），所占比例分别为 2.69%、1.65%、4.34%、1.65% 和 1.03%（图 4.10）。

2）优势种

长江干流以三峡库区调查到的浮游植物种类数最多，达 260 种（属）；其次为金沙江干流，为 196 种（属）；长江源沱沱河由于受气候条件和采样时间限制，调查到的种类数最少，仅 47 种（属）。三峡大坝以上和长江口水域种类数以硅藻门为主，长江中下游水域种类数中蓝绿藻占据优势。从上游到下游，硅藻种类数所占比例下降，在长江口回升。从上游到下游，蓝绿藻种类数所占比例上升，在长江口下降（图 4.11）。

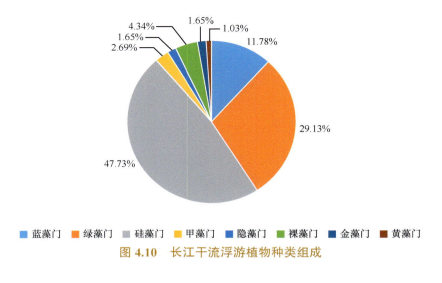

图 4.10　长江干流浮游植物种类组成

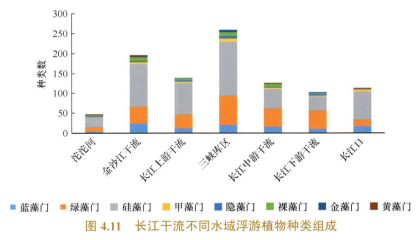

图 4.11　长江干流不同水域浮游植物种类组成

3）密度

长江干流从上游到下游浮游植物密度递增，在长江口有所下降，长江下游干流浮游植物密度显著高于干流其他水域。就鱼类不同生长期而言，浮游植物密度普遍在育肥期最高，其次为繁殖期，越冬期最低（图 4.12）。在三峡大坝坝上干流水域，硅藻数量占绝对优势，平均占比近 80%；坝下中游和下游干流水域则以蓝绿藻数量占显著优势，平均占比约 70%，硅藻数量仅占 20% 左右；至长江口，硅藻数量所占比例升至 71.6%（图 4.13）。

4）生物量

长江干流从上游到下游浮游植物生物量递增，长江下游干流水域浮游植物生物量显著高于其他干流水域，年平均值为 0.969mg/L；繁殖期和育肥期浮游植物生物量普遍高于越冬期（图 4.14）。在三峡大坝以上的干流水域，硅藻生物量占绝对优势；在中游干流，蓝绿藻生物量占一定优势，平均占比为 46.4%；在下游干流，甲隐藻生物量占一定优势，平均占比为 44.4%（图 4.15）。

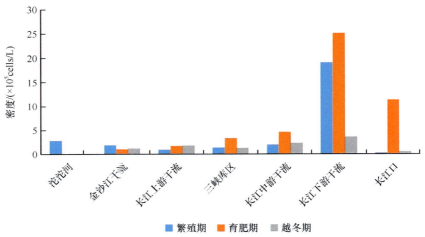

图 4.12　长江干流各水域不同时期浮游植物密度变化

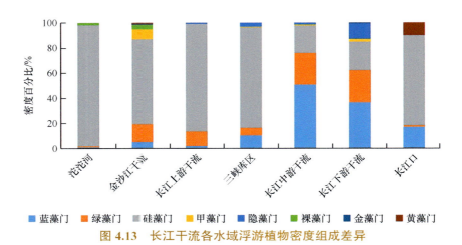

图 4.13　长江干流各水域浮游植物密度组成差异

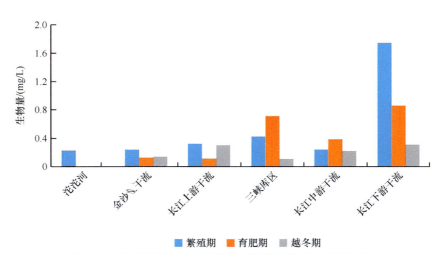

图 4.14　长江干流各水域不同时期浮游植物生物量变化

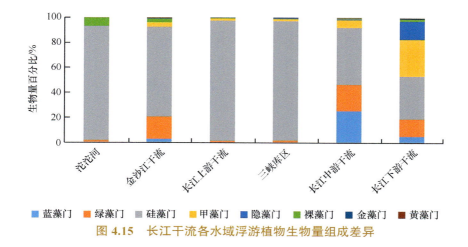

图 4.15　长江干流各水域浮游植物生物量组成差异

长江干流浮游植物密度和生物量均表现为从上游到下游递增，其中长江下游干流的密度和生物量显著高于其他水域；繁殖期和育肥期的浮游植物密度和生物量显著高于越冬期；在三峡大坝以上水域和长江口，硅藻门密度和生物量均占显著优势，但在长江中游和下游，蓝绿藻密度占显著优势，甲隐藻生物量占一定优势。

3. 长江主要支流

1）种类组成

长江主要支流共调查到浮游植物 8 门 401 种（属），其中硅藻门种类数最多，为 175 种（属），所占比例为 43.64%；其次为绿藻门，共 125 种（属），所占比例为 31.17%；蓝藻门共 49 种（属），所占比例为 12.22%；另有甲藻门、隐藻门、裸藻门、金藻门和黄藻门各 16 种（属）、7 种（属）、17 种（属）、11 种（属）和 1 种（属），所占比例分别为 3.99%、1.75%、4.24%、2.74% 和 0.25%（图 4.16）。

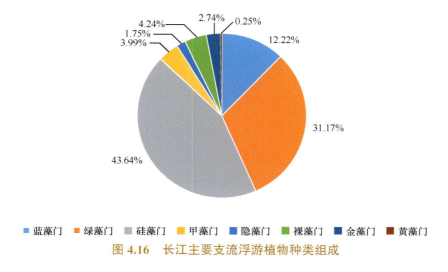

图 4.16　长江主要支流浮游植物种类组成

2）优势种

长江重要支流整体表现为下游支流的种类数高于上游，嘉陵江调查到的浮游植物种类数最多，达166种（属）；其次为汉江，为130种（属）；沱江最少，仅调查到26种（属）（图4.17）。硅藻门种类数在支流中仍占显著优势，但在嘉陵江和汉江，绿藻门种类数高于硅藻门，这可能与水域的渠化和富营养化存在一定关系。

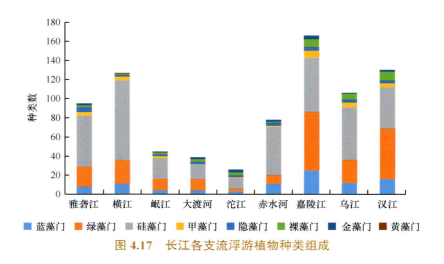

图 4.17　长江各支流浮游植物种类组成

3）密度

从上游到下游，各支流浮游植物密度年平均值递增，嘉陵江最高，为468.8×10⁴cells/L；横江最低，为15.13×10⁴cells/L；赤水河、嘉陵江、乌江和汉江的浮游植物密度显著高于雅砻江、横江、岷江、大渡河和沱江（图4.18）。在雅砻江、横江、岷江和大渡河，硅藻数量占显著优势；在沱江，硅藻和隐藻数量均占显著优势；在赤水河，硅藻和蓝藻数量占显著优势；在嘉陵江、乌江和汉江，蓝绿藻数量占显著优势（图4.19）。

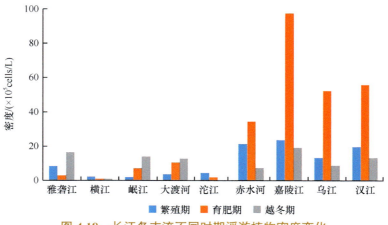

图 4.18　长江各支流不同时期浮游植物密度变化

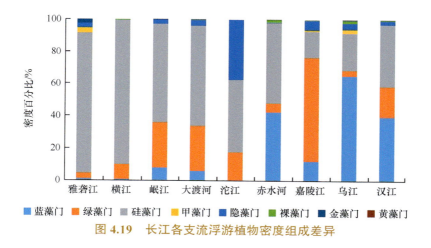

图 4.19　长江各支流浮游植物密度组成差异

4）生物量

从上游到下游，各支流浮游植物生物量年平均值递增，赤水河浮游植物生物量年平均值最高，达 2.676mg/L；其次为汉江，为 2.273mg/L；横江最低，仅为 0.108mg/L。岷江和大渡河的浮游植物生物量在越冬期高于繁殖期和育肥期，其他水域浮游植物生物量则大体是育肥期和繁殖期高于越冬期。在育肥期，赤水河、乌江和汉江的浮游植物生物量均可达 3.0mg/L 以上（图 4.20）。在横江、岷江、大渡河、沱江、赤水河和汉江，硅藻生物量占绝对优势；在雅砻江和乌江，硅藻和甲藻生物量占显著优势；在嘉陵江，则以硅藻和绿藻生物量占显著优势（图 4.21）。

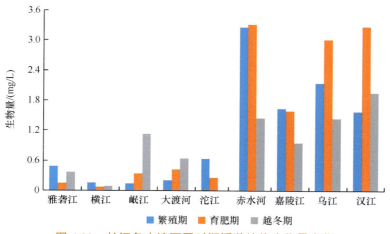

图 4.20　长江各支流不同时期浮游植物生物量变化

长江主要支流浮游植物密度和生物量均从上游到下游呈递增趋势，赤水河、嘉陵江、乌江和汉江水域浮游植物密度和生物量均值显著高于雅砻江、横江、岷江、大渡河和沱江。从不同鱼类生活史时期来看，一般为育肥期最高，其次为繁殖期，越冬期最低，但不同支流在不同时期存在一定差异。各支流密度和生物量组成存在显著差异，且从上游到下游呈现一定的趋势。

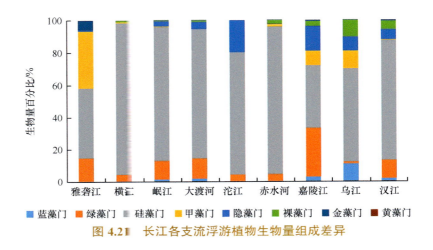

图 4.21　长江各支流浮游植物生物量组成差异

　蓝藻门　　绿藻门　　硅藻门　　甲藻门　　隐藻门　　裸藻门　　金藻门　　黄藻门

4. 大型通江湖泊

1）种类组成

两湖共调查到浮游植物 8 门 223 种（属），其中绿藻门种类数最多，为 79 种（属），所占比例为 35.43%；其次为硅藻门，共 71 种（属），所占比例为 31.84%；蓝藻门共 38 种（属），所占比例为 17.04%；另有甲藻门、隐藻门、裸藻门、金藻门和黄藻门各 6 种（属）、5 种（属）、12 种（属）、5 种（属）和 7 种（属），所占比例分别为 2.69%、2.24%、5.38%、2.24% 和 3.14%（图 4.22）。

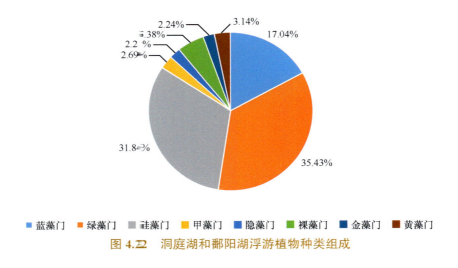

　蓝藻门　　绿藻门　　硅藻门　　甲藻门　　隐藻门　　裸藻门　　金藻门　　黄藻门

图 4.22　洞庭湖和鄱阳湖浮游植物种类组成

2）优势种

洞庭湖浮游植物种类数高于鄱阳湖。在两湖种类数中，蓝绿藻种类数均占显著优势，呈现显著的湖泊特点，与长江干支流存在显著差异，洞庭湖硅藻门种类数高于鄱阳湖（图 4.23）。

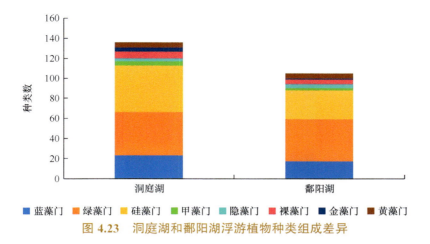

图 4.23　洞庭湖和鄱阳湖浮游植物种类组成差异

3）密度

鄱阳湖浮游植物密度显著高于洞庭湖，鄱阳湖年平均密度达 559.78×10^4cells/L，洞庭湖仅为 24.39×10^4cells/L。鄱阳湖和洞庭湖浮游植物密度随季节和水期变化显著，育肥期最高，其次为繁殖期，越冬期最低（图 4.24）。不同鱼类生长期两湖浮游植物组成存在显著差异。蓝藻数量在洞庭湖普遍占据优势，育肥期占比达 52.70%；绿藻则在鄱阳湖全年占据优势，繁殖期占比达 56.18%（图 4.25）。

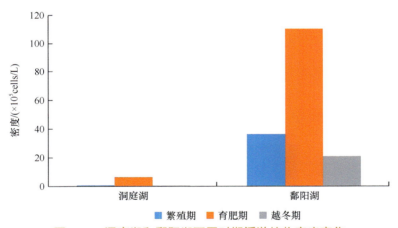

图 4.24　洞庭湖和鄱阳湖不同时期浮游植物密度变化

4）生物量

鄱阳湖浮游植物生物量年平均值可达 4.963mg/L，显著高于洞庭湖的 0.299mg/L。在两湖地区，浮游植物生物量均育肥期最高，其次为繁殖期，越冬期最低（图 4.26）。硅藻生物量在鄱阳湖占绝对优势，年平均占比为 73.6%，硅藻和绿藻则在洞庭湖占一定优势（图 4.27）。

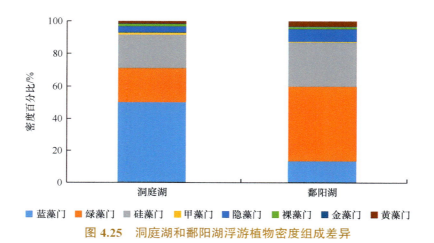

图 4.25　洞庭湖和鄱阳湖浮游植物密度组成差异

图 4.26　洞庭湖和鄱阳湖不同时期浮游植物生物量变化

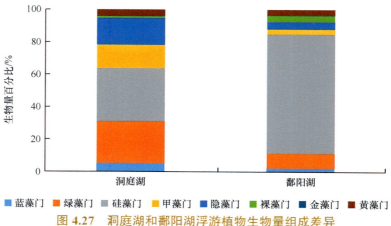

图 4.27　洞庭湖和鄱阳湖浮游植物生物量组成差异

洞庭湖和鄱阳湖在种类组成及密度上均表现为显著的湖泊特点，即蓝绿藻所占比例显著高于硅藻。从物种组成上看，洞庭湖浮游植物多样性更高；就密度和生物量而言，洞庭湖显著低于鄱阳湖。两湖浮游植物密度和生物量均是在育肥期最高，其次为繁殖期，越冬期最低。

4.2.2 浮游动物

1. 全流域概况

全流域共鉴定浮游动物452种（属），其中原生动物131种（属），占比28.98%；轮虫129种（属），占比28.54%；枝角类73种（属），占比16.15%；桡足类83种（属），占比18.36%；其他36种（属），占比7.96%（图4.28）。全流域浮游动物密度范围为0.02～3228.11ind./L，密度平均值为484.76ind./L±884.40ind./L；生物量范围为0.00～6.64mg/L，生物量平均值为0.73mg/L±1.50mg/L。

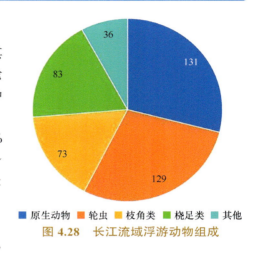

图4.28 长江流域浮游动物组成

（图例：原生动物 轮虫 枝角类 桡足类 其他）

优势种有3门56种（属），以节肢动物门最多，共28种（属），所占比例为50.00%；其次为原生动物门，共23种（属），所占比例为41.07%；其余为轮虫动物门，共5种（属），所占比例为8.93%。

全长江流域浮游动物密度均值为519.89ind./L±1648.09ind./L，变动范围为0～21 020.95ind./L，其中干流浮游动物密度均值为198.73ind./L±636.92ind./L，支流浮游动物密度均值为623.77ind./L±1692.27ind./L，两湖浮游动物密度均值为1704.02ind./L±3291.80ind./L。整体而言，浮游动物密度为两湖＞长江支流＞长江干流。

全长江流域浮游动物生物量均值为0.81mg/L±2.56mg/L，变动范围为0～21.98mg/L，其中干流浮游动物生物量均值为0.25mg/L±0.69mg/L，支流浮游动物生物量均值为0.54mg/L±1.83mg/L，两湖浮游动物生物量均值为3.63mg/L±5.41mg/L。整体而言，浮游动物生物量为两湖＞长江支流＞长江干流。

2. 长江干流

长江干流共鉴定出浮游动物302种（属），其中原生动物81种（属），占比26.82%；轮虫75种（属），占比24.83%；枝角类43种（属），占比14.24%；桡足类67种（属），占比22.19%；其他36种（属），占比11.92%（图4.29）。

长江干流浮游动物最大种类数出现在长江口，为118种（属）；最小种类数出现在干流上游，

（图例：原生动物 轮虫 枝角类 桡足类 其他）

图4.29 长江干流浮游动物种类组成

为 36 种（属）。长江源沱沱河未采集到浮游动物，从上游到下游原生动物的种类数所占比例逐渐升高（图 4.30）。

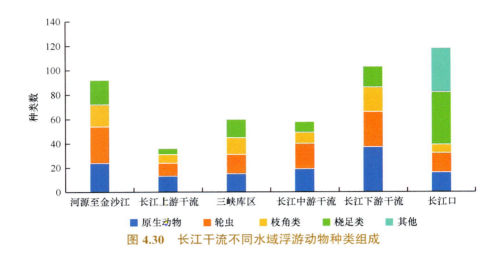

图 4.30　长江干流不同水域浮游动物种类组成

长江干流浮游动物密度范围为 13.97～516.64ind./L，密度平均值为 159.54ind./L±208.42ind./L，密度最大值出现在长江中游，密度最小值出现在河源至金沙江，长江干流浮游动物密度表现为先增加后降低的趋势（图 4.31）。

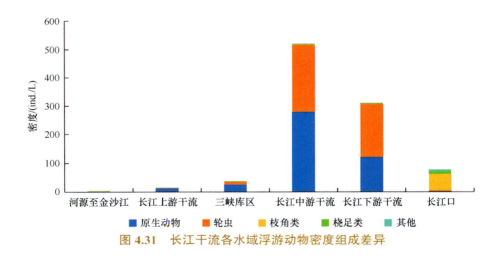

图 4.31　长江干流各水域浮游动物密度组成差异

长江干流浮游动物生物量范围为 0.01～0.37mg/L，生物量平均值为 0.19mg/L±0.16mg/L，生物量最大值出现在长江中游干流，生物量最小值出现在三峡库区，上游干流和三峡库区浮游动物生物量明显低于其他水域（图 4.32）。

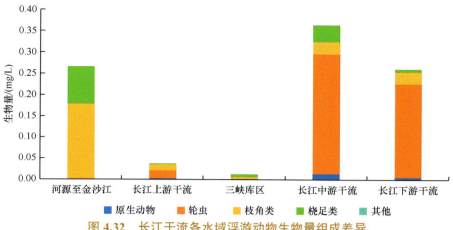

图 4.32　长江干流各水域浮游动物生物量组成差异

3. 长江主要支流

长江 9 条主要支流共鉴定出浮游动物 277 种（属），其中原生动物 96 种（属），占比 34.66%；轮虫 86 种（属），占比 31.05%；枝角类 54 种（属），占比 19.49%；桡足类 41 种（属），占比 14.80%（图 4.33）。浮游动物最大种类数出现在赤水河，为 120 种（属）；最小种类数出现在大渡河，为 4 种（属）（图 4.34）。

长江 9 条主要支流浮游动物密度范围为 0.02～1739.43ind./L，密度平均值为 443.22ind./L± 702.35ind./L，密度最大值出现在汉江，密度最小值出现在岷江，长江主要支流浮游动物密度从上游到下游基本呈增加趋势（图 4.35）。

图 4.33　长江主要支流浮游动物种类组成

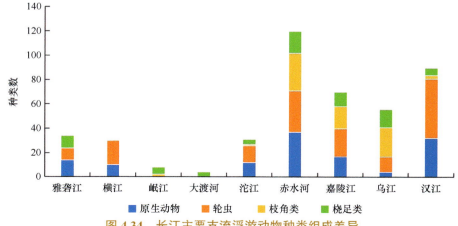

图 4.34　长江主要支流浮游动物种类组成差异

图 4.35　长江各支流浮游动物密度组成差异

长江 9 条主要支流浮游动物生物量范围为 0.00～4.64mg/L，生物量平均值为 0.64mg/L±1.51mg/L，生物量最大值出现在乌江，生物量最小值出现在岷江，长江主要支流浮游动物生物量从上游到下游呈递增趋势（图 4.36）。

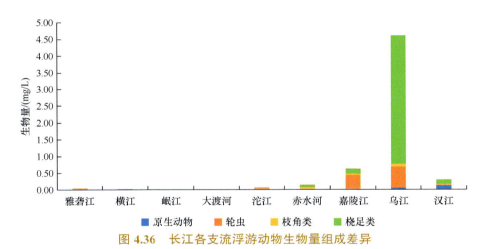

图 4.36　长江各支流浮游动物生物量组成差异

图 4.37　两湖浮游动物种类组成

4. 大型通江湖泊

两湖流域共鉴定出浮游动物 51 种（属），其中原生动物 8 种（属），占比 15.69%；轮虫 20 种（属），占比 39.22%；枝角类 12 种（属），占比 23.53%；桡足类 11 种（属），占比 21.57%（图 4.37、图 4.38）。

两湖流域浮游动物密度范围为 66.55～3228.12ind./L，密度平均值为 1647.34ind./L±2235.56ind./L，密度最大值出现在鄱阳湖，密度最小值出现在洞庭湖（图 4.39）。

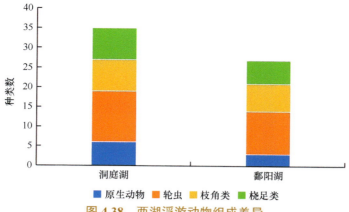

图 4.38　两湖浮游动物组成差异

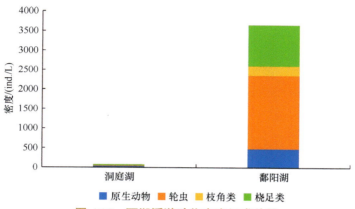

图 4.39　两湖浮游动物密度组成差异

两湖流域浮游动物生物量范围为 0.50～4.48mg/L，生物量平均值为 2.49mg/L±2.81mg/L，生物量最大值出现在鄱阳湖，生物量最小值出现在洞庭湖（图 4.40）。

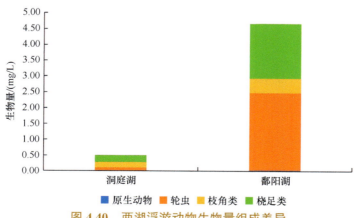

图 4.40　两湖浮游动物生物量组成差异

4.3 长江流域渔业水域底栖动物现状

4.3.1 全流域概况

1. 种类组成

调查期间，全流域干流、支流（9条）和湖泊（洞庭湖和鄱阳湖）共采集底栖动物 548 种（属），隶属 6 门 11 纲 139 科（图 4.41）。其中，环节动物门多毛纲 3 科 10 种（属）（占总物种数的 1.82%）、寡毛纲 4 科 44 种（属）（占总物种数的 8.03%）、蛭纲 4 科 14 种（属）（占总物种数 2.55%）；节肢动物门昆虫纲 76 科 333 种（属）（占总物种数的 60.77%）、甲壳纲 20 科 38 种（属）（占总物种数的 6.93%）、蛛形纲 1 科 1 种（属）（占总物种数 0.18%）；软体动物门腹足纲 18 科 69 种（属）（占总物种数的

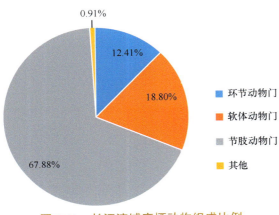

图 4.41 长江流域底栖动物组成比例

12.59%）、双壳纲 9 科 34 种（属）（占总物种数的 6.20%）；其他动物共 5 种（属）（占总物种数的 0.91%）。水生昆虫中，蜉蝣目 41 种（属）、襀翅目 15 种（属）、毛翅目 47 种（属）、蜻蜓目 43 种（属）、鞘翅目 25 种（属）、双翅目 141 种（属），其他目 21 种（属）。

图 4.42 显示各水域底栖动物分布。在长江干流，三峡库区调查到的底栖动物种类数最多，为 62 种（属）；其次为长江中游，为 51 种（属）；河源由于受地理、气候条件和采样时间的限制，调查到的种类数最少，仅 26 种（属）。在各支流，赤水河因良好的生

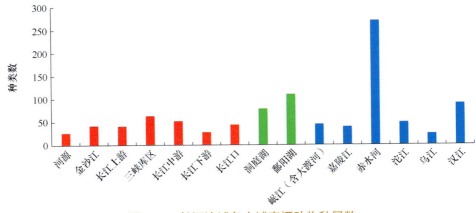

图 4.42 长江流域各水域底栖动物种属数

态环境和稳定的水文条件，调查到的底栖动物种类数最多，为268种（属）；其次为汉江，为89种（属）；其余各支流均不超过50种（属）。

2. 常见种

全长江流域底栖动物出现频率在5.9%～70.6%，分布较广，出现频率较高（≥50%区域）的有颤蚓（*Tubifex* sp.）、水丝蚓（*Limnodrilus* sp.）、霍甫水丝蚓（*Limnodrilus hoffmeisteri*）、苏氏尾鳃蚓（*Branchiura sowerbyi*）、河蚬（*Corbicula fluminea*）、淡水壳菜（*Limnoperna lacustris*）、四节蜉（*Baetis* sp.）、扁蜉（*Heptagenia* sp.）、摇蚊（*Chironomus* sp.）和钩虾（*Gammarus* sp.）。其中，河蚬出现频率最高，淡水壳菜和钩虾次之。

3. 密度与生物量

全长江流域的底栖动物平均密度均值为373.1ind./m²±376.0ind./m²，变动范围为9.3～1340.5ind./m²；平均生物量均值为46.9g/m²±98.1g/m²，变动范围为0.1～342.5g/m²（图4.43、图4.44）。其中长江口具有底栖动物最大密度，鄱阳湖具有最大生物量；嘉陵江具有底栖动物最小密度，雅砻江具有最小生物量。不同水体类型之间，底栖动物的平均密度在干流最大，湖泊次之，支流最小；底栖动物的平均生物量在湖泊最大，干流次之，支流最小（图4.45）。

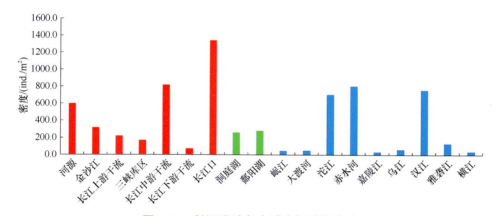

图 4.43　长江流域各水域底栖动物密度

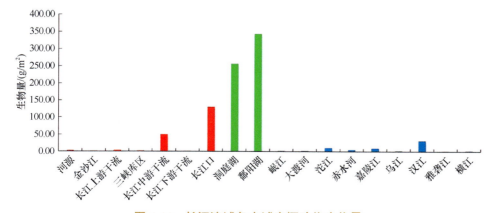

图 4.44　长江流域各水域底栖动物生物量

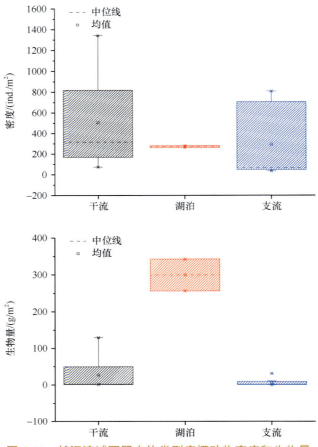

图 4.45　长江流域不同水体类型底栖动物密度和生物量

就不同类群来看，环节动物和节肢动物密度在赤水河最大（分别为 1238.5ind./m²、1723.9ind./m²），在金沙江密度最小（1.0ind./m²、9.0ind./m²）。软体动物密度则在长江口最大（989.7ind./m²），在金沙江最小。环节动物生物量在洞庭湖最大（17.1g/m²），而在乌江最小（0.01g/m²）。节肢动物生物量在长江口最大（56.2g/m²），而在三峡库区最小（0.1g/m²）。软体动物生物量在鄱阳湖最大（318.7g/m²），在雅砻江最小。线虫动物和扁形动物仅在个别河流区域出现，密度及生物量均极小。

4.3.2　长江干流

长江干流底栖动物总计 200 种（属），隶属 6 门 9 纲 80 科。其中，节肢动物门占比最大，占干流总种（属）数的 62.0%（图 4.46）。但不同类群在干流上、中、下游三个区域的分布不同，如节肢动物种属数在中游及以上区域占比均为最高，分别占各区域总种（属）数的 46.8%、92.7%；环节动物种（属）数在下游最高，占下游总种（属）数的 51.9%；软体动物种（属）数在河口最高，占河口总种（属）数的 41.9%。种类分布上，三峡库区最多，

62 种（属）；其次为长江中游，51 种（属）；河源最少，26 种（属）。由于本次调查区域范围覆盖干流全部，相比 20 世纪 90 年代（Xie et al.，2002），本次干流总种（属）数增加 77 种（属）（增加 21.1%），增加类群主要为水生昆虫及软体动物。本次调查区域因涵盖长江口，多毛类较以前有所增加 [增加 7 种（属）]，而其他一些较少见种类也在部分河段出现。

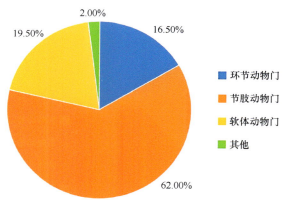

图 4.46　长江干流底栖动物种类组成

长江干流底栖动物最大密度和生物量均出现在长江口，长江下游干流具有底栖动物最小密度，三峡库区具有最小生物量（图 4.47、图 4.48）。

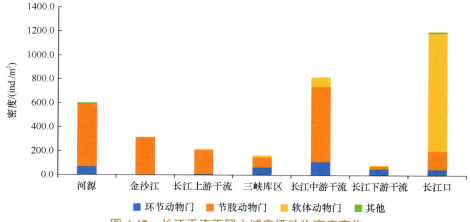

图 4.47　长江干流不同水域底栖动物密度变化

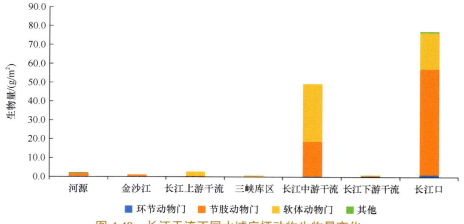

图 4.48　长江干流不同水域底栖动物生物量变化

4.3.3 长江主要支流

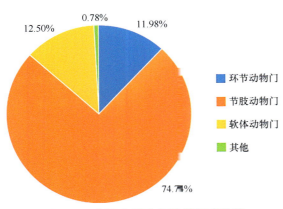

图 4.49 支流底栖动物种类组成差异

长江主要支流底栖动物总计 384 种（属），隶属 6 门 7 纲。其中，节肢动物占比最大，占支流总种（属）数的 74.74%；其次为软体动物，占支流总种（属）数的 12.50%；环节动物占一定比例，占支流总种（属）数的 11.98%（图 4.49）。在各支流，赤水河调查到的底栖动物种类数最多，为 268 种（属）；其次是汉江，为 89 种（属）；其余各支流均不超过 50 种。底栖动物密度在赤水河最高，而生物量则在汉江最高（图 4.50、图 4.51）。

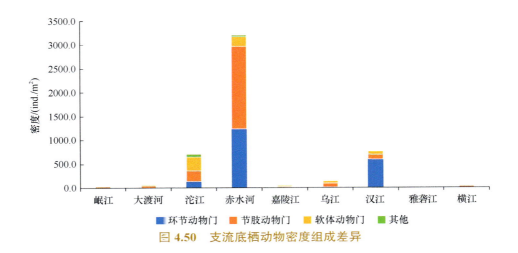

图 4.50 支流底栖动物密度组成差异

图 4.51 支流底栖动物生物量组成差异

4.3.4 大型通江湖泊

两湖底栖动物总计 151 种（属），隶属 4 门 9 纲 47 科。其中，节肢动物占比最大，占湖泊总种（属）数的 48.3%；其次为软体动物，占湖泊总种（属）数的 39.7%（图 4.52）。本次调查洞庭湖总计 78 种（属），相比历史多年（1991～2012 年）平均的 53 种（属）（王小毛等，2016），种类有所增加，主要是软体动物类群在此次占比较大（64.1%），且田螺科为主要优势类群。鄱阳湖总计 109 种（属），节肢动物占比最大，占总种（属）数的 56.9%；其次为软体动物，占总种（属）数的 33.9%。鄱阳湖软体动物中，蚌科及田螺科为主要优势类群，分别占 41.5% 和 16.2%。与历史资料（谢钦铭等，1995；欧阳珊等，2009）相比，本次调查鄱阳湖的节肢动物和软体动物有所增加，因此总种（属）数较高，初步分析与本次调查区域较广、历时较长有关。鄱阳湖、洞庭湖底栖动物密度均以节肢动物和软体动物为主，生物量均以软体动物为主，两湖底栖动物密度和生物量最大值均出现在鄱阳湖（图 4.53、图 4.54）。

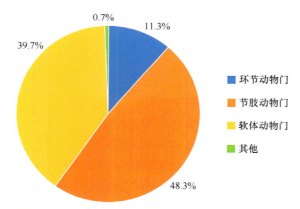

图 4.52　洞庭湖、鄱阳湖底栖动物种类组成差异

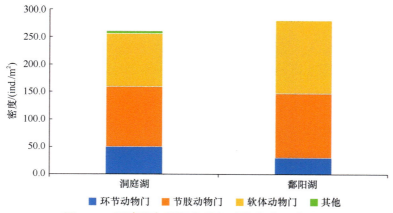

图 4.53　洞庭湖与鄱阳湖底栖动物密度组成差异

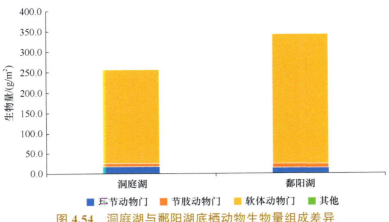

图 4.54　洞庭湖与鄱阳湖底栖动物生物量组成差异

4.4　长江流域主要人类活动

4.4.1　全流域概述

　　长江流域人类活动以水电开发、航运、岸线人工化、采砂、跨江（河）工程建设及城镇污水排放为主。其中，河源区沱沱河受人类活动影响最小，主要集中在唐古拉山镇，对水环境影响小；长江干流水域在金沙江干流主要受梯级水电开发的影响，金沙江以下干流主要受航运和岸线人工化的影响；支流主要受梯级水电开发的影响，大部分支流渠化严重，连通性受到严重破坏，水生境破碎化。洞庭湖的人类活动以航运为主，挖沙活动鲜有（程俊翔等，2016；Shrestha et al.，2017；陈宇顺，2018）（表 4.1）。

表 4.1　长江流域各水域主要人类活动类型

水体类型	水域	主要人类活动类型
干流	沱沱河	唐古拉山镇建设
	金沙江干流	梯级水电开发、采砂
	长江上游干流	航运
	三峡库区	航运、岸线人工化
	长江中游干流	航运、岸线人工化、涉水工程
	长江下游干流	航运、岸线人工化、涉水工程
	长江口	—
支流	雅砻江	梯级水电开发
	横江	梯级水电开发

续表

水体类型	水域	主要人类活动类型
支流	岷江（含大渡河）	梯级水电开发
	沱江	城镇污水排放、水电开发、采砂
	赤水河	河源和支流水电开发
	嘉陵江	梯级水电开发
	乌江	梯级水电开发、岸线人工化、航运
	汉江	航运、梯级水电开发
湖泊	洞庭湖	航运
	鄱阳湖	—

注："–"表示无相关数据

4.4.2　长江干流主要人类活动

1. 水电开发现状

金沙江水量丰沛，落差巨大，是我国乃至世界上著名的水能资源极为富集的河流，因而成为长江干流水电开发活动的集中区域。20 世纪 50 年代以来，我国对金沙江流域的开发进行了大量的勘测、规划和设计工作。

金沙江上游川藏段共布置 8 个梯级电站，分别为岗托水电站、岩比水电站、波罗水电站、叶巴滩水电站、拉哇水电站、巴塘水电站、苏哇龙水电站和昌波水电站，初步规划装机容量 9376MW。中游规划为"一库十级"开发方案，已建成和在建的有龙盘、两家人、梨园、阿海、金安桥、龙开口、鲁地拉、观音岩等水电站，总装机容量可观，各水电站功能和调节能力不同。下游布置乌东德、白鹤滩、溪洛渡、向家坝四座巨型梯级电站，总装机容量为 42 200MW，年发电量为 1887 亿 kW·h，是"西电东送"的重要电源点（表 4.2）。

表 4.2　金沙江干流水电站开发现状

序号	水电站名称	建坝地点	装机容量 /MW	年发电量 / 亿 kW·h	建设情况
1	岗托	岗托	1 100	53.9	规划
2	岩比	香格里拉	300	10	规划
3	波罗	波罗	960	38.92	规划
4	叶巴滩	白玉	2 240	102.05	在建
5	拉哇	拉哇	2 000	83.64	在建
6	巴塘	巴塘	750	30.04	在建
7	苏哇龙	苏哇龙	1 200	54.32	在建
8	昌波	巴塘	826	43.55	规划
9	龙盘	丽江	420	175	规划

续表

序号	水电站名称	建坝地点	装机容量/MW	年发电量/亿 kW·h	建设情况
10	两家人	丽江	3 000	114.4	规划
11	梨园	丽江	2 400	107	已建
12	阿海	玉龙	2 000	89	已建
13	金安桥	丽江	2 400	124	已建
14	龙开口	鹤庆	1 800	73.96	已建
15	鲁地拉	永胜	2 160	93.23	已建
16	观音岩	华坪	3 000	133	已建
17	金沙	攀枝花市西区	560	25.07	已建
18	银江	攀枝花市东区	345	15.5	在建
19	乌东德	禄劝	7 400	313	已建
20	白鹤滩	巧家	13 200	588	已建
21	溪洛渡	永善	14 400	653	已建
22	向家坝	水富	7 200	333	已建
合计			69 661	3 253.58	

注：根据 2021 年及以前公开的可查询信息统计

2. 航运现状

长江干流主要断面 2018 年和 2020 年日通航量见图 4.55。结果表明，从上游宜宾到下游芜湖，通航量呈显著增加趋势；2018 年各断面不同月份间通航量差异不显著，2020年各断面 4～5 月通航量普遍高于其他月份；受疫情影响，下游断面 2020 年通航量低于2018 年，上游断面受影响不大。

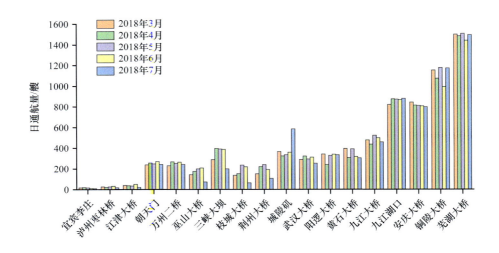

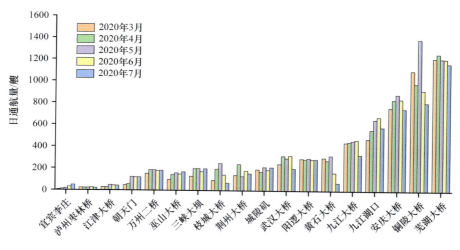

图 4.55　长江干流主要断面 2018 年（上）和 2020 年（下）日通航量

3. 桥梁建设现状

根据资料统计，1955～2018 年历年长江干流开工和运行桥梁数逐年呈显著增加趋势（图 4.56），自 1996 年起，每年度均有开工建设桥梁，其中 1997 年、2003 年开工数量最多，均为 9 座；其次为 2009 年，开工建设 8 座。自第九个五年规划至第十二个五年规划（1996～2015 年），每个五年期间的年平均开工桥梁均不低于 4 座，2016～2018 年年平均开工桥梁降低至不足 3 座。截至 2018 年开工和运行的桥梁总数达 126 座。

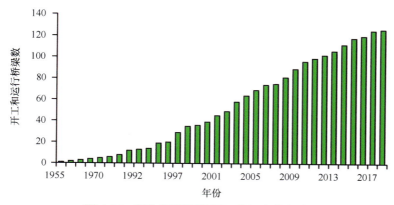

图 4.56　历年长江干流开工和运行桥梁数

4.4.3 典型支流主要人类活动

长江主要支流受梯级电站开发的影响较大。

1. 雅砻江

雅砻江是国家规划的十三大水电基地之一，雅砻江干流开发方案共拟定 21 个梯级，总装机容量为 28 748.6MW。在特定的历史条件下，雅砻江干流共分三段进行了水电规划，按时序排列分别为：下游段、中游段、上游段。雅砻江干流上游石渠县已建成鄂曲小型水电站（2004 年运行发电），装机容量 6.6MW。以已批复的《四川省雅砻江中游（两河口至卡拉河段）水电规划报告》和《雅砻江卡拉至江口河段水电开发规划报告》推荐方案中的梯级布置格局为基础，结合审查通过的《四川省雅砻江两河口 - 牙根河段水电开发方案研究报告》，目前雅砻江干流中下游河段水电开发格局从上往下依次为：两河口（2860m）、牙根一级（2602m）、牙根二级（2560m）、楞古（混合式，2479m）、孟底沟（2254m）、杨房沟（2102m）、卡拉（1986m）、锦屏一级（1880m）、锦屏二级（引水式，1646m）、官地（1330m）、二滩（1205m）、桐子林（1015m）共计 12 级开发（表 4.3）。其中，两河口水电站是雅砻江干流的"龙头"水库和金沙江主要支流"控制性"水库梯级，锦屏一级水电站是雅砻江干流下游"龙头"水库。二滩水电站（1999 年运行发电）是雅砻江干流最早建成的水电站，装机容量 3300MW；锦屏一级、锦屏二级、官地、桐子林 4 座下游水电站，以及中游两河口、杨房沟 2 座水电站近年已相继建成投产，装机容量为 15 900MW；孟底沟、卡拉及牙根一级 3 座水电站正在建设，装机容量为 3414MW；牙根二级、楞古两座水电站正在积极准备建设中，装机容量为 3708MW。

表 4.3 雅砻江干流主要梯级开发指标表

序号	梯级名称	建设地点	装机容量 /MW	年发电量 / 亿 kW·h	建设情况
1	鄂曲	石渠县	6.6	/	已建
2	温波	石渠县	60	/	规划
3	木能达	甘孜县	340	/	规划
4	格尼	甘孜县	220	/	规划
5	仁达	新龙县	520	/	规划
6	乐安	新龙县	300	/	规划
7	新龙	新龙县	220	10.11	规划
8	共科	新龙县	400	17.16	规划
9	甲西	新龙县	360	16.19	规划
10	两河口	雅江县	3 000	108.9	已建
11	牙根一级	雅江县	214	9.51	拟建
12	牙根二级	康定市、雅江县	990	44.33	规划
13	楞古	雅江县	2 718	124.68	规划

续表

序号	梯级名称	建设地点	装机容量 /MW	年发电量 / 亿 kW · h	建设情况
14	孟底沟	九龙县	2 200	89.3	拟建
15	杨房沟	木里县	1 500	69.43	已建
16	卡拉	木里县	1 000	51.64	拟建
17	锦屏一级	盐源县	3 600	180.9	已建
18	锦屏二级	盐源县	4 800	258.8	已建
19	官地	盐源县	2 400	99.5	已建
20	二滩	攀枝花市	3 300	176.7	已建
21	桐子林	攀枝花市	600	30.2	已建
合计			28 748.6	—	

注：根据 2021 年及以前公开的可查询信息统计。"/"表示未查询到信息；"—"表示因信息缺失较多，不做合计计算

　　雅砻江流域内支流密布，中下游流域面积内大于 1000km² 的二级以上支流不少于 12 条，各支流主要指标详见表 4.4。由表可见，各支流均不同程度开展规划和开发，其中安宁河规划水电站最多，达 21 个梯级，已建和在建共 14 座。

表 4.4　雅砻江中下游主要支流及其规划开发状况

支流名称	所在水系	地理位置（与相邻水电站的区位关系）	流域面积 /km²	流量 / (m³/s)	规划开发状态
鲜水河	雅砻江的一级支流	两河口库区	19 338	202	已规划 8 个梯级
达曲河	鲜水河的一级支流，雅砻江的二级支流	两河口库区	5 204	41.2	规划
庆大河	雅砻江的一级支流	两河口库区	1 859	30	规划
霍曲河	雅砻江的一级支流	牙根二级库区	3 333	51.5	已规划一库三级
吉珠沟	霍曲河的一级支流，雅砻江的二级支流	牙根二级库区	1 233	19.1	一库四级
力丘河	雅砻江的一级支流	楞古减水河段	5 928	89.1	规划
理塘河	雅砻江的一级支流	锦屏一级库区	19 114	268	两库十二级
盐源河	理塘河的一级支流，雅砻江的二级支流	锦屏一级库区	8 482	112	规划
九龙河	雅砻江的一级支流	锦屏二级库区	3 604	200	一库五级
三源河	雅砻江的一级支流	二滩库区	2 260	66.3	规划
安宁河	雅砻江的一级支流	桐子林库区	11 150	231	规划 21 个梯级，目前已建和在建共 14 座
孙水河	安宁河的一级支流，雅砻江的二级支流	桐子林库区	1 618	40.3	规划

注：根据 2021 年及以前公开的可查询信息统计

2. 岷江

根据实地沿岸调查并结合相关规划，岷江干流共有水电站31座。大（1）型水电站1座，占水电站总数的3.23%；大（2）型水电站7座，占水电站总数的22.58%；中型水电站14座，占水电站总数的45.16%；小（1）型水电站8座，占水电站总数的25.81%；小（2）型水电站1座，占水电站总数的3.23%。有堤坝式、引水式、河床式3种模式，其中以堤坝式为开发方式的水电站2座，以河床式为开发方式的水电站12座，以引水式为开发方式的水电站14座。通过调查，截至2020年已建运行水电站21座，在建水电站4座，规划待建水电站6座。岷江干流各梯级电站主要特性与开发现状见表4.5。

表 4.5　岷江干流水电站主要特性与开发现状调查统计表

序号	水电站名称	行政区域	装机容量 /MW	年发电量 / 亿 kW·h	现状
1	虹桥关水电站	松潘	0.5	0.024	已建
2	鸳鸯桥水电站	松潘	3.2	0.2	已建
3	云屯水电站	松潘	2.5	0.16	已建
4	红光水电站	松潘	0.5	0.032	已建
5	太平水电站	茂县	2.4	0.12	已建
6	天龙湖水电站	茂县	180	9.956	已建
7	金龙潭水电站	茂县	180	9.272	已建
8	石大关水电站	茂县	0.125	0.0092	已建
9	十里铺水电站	茂县	420	16.52	已建
10	吉鱼水电站	茂县	102	3.5	已建
11	铜钟水电站	茂县	49.5	3.67	已建
12	姜射坝水电站	茂县、汶川	128	6.42	已建
13	南新水电站	茂县	9.6	0.3486	已建
14	南新二级水电站	茂县	6	0.15	已建
15	中坝水电站	汶川	10	0.54	已建
16	福堂坝水电站	汶川	360	22.7	已建
17	太平驿水电站	汶川	260	16.87	已建
18	映秀湾水电站	汶川	135	7.06	已建
19	紫坪铺水电站	都江堰	760	34.17	已建
20	江口航电枢纽工程	彭山	24	0.9933	规划
21	尖子山航电枢纽工程	彭山	69	2.8254	在建
22	汤坝航电枢纽工程	东坡	69	2.8254	在建
23	张坎航电枢纽工程	东坡	39	1.5739	规划
24	季时坝航电枢纽工程	青神	24	0.9554	规划

序号	水电站名称	行政区域	装机容量/MW	年发电量 / 亿 kW·h	现状
25	虎度溪航电枢纽工程	青神	63	2.4739	在建
26	汉阳航电枢纽工程	青神	72	3.08	已建
27	板桥航电枢纽工程	乐山市市中区	75	3.0725	规划
28	老木孔航电枢纽工程	五通桥	405.4	16.79	规划
29	东风岩航电枢纽工程	五通桥	270	12.68	规划
30	犍为航电枢纽工程	犍为	500	21.8697	已建
31	龙溪口航电枢纽工程	犍为	480	20.20	在建

注：根据 2020 年及以前公开的可查询信息统计

3. 大渡河

大渡河干流水电开发共布置 28 个梯级，总装机容量为 2628×10^4 kW，年发电量为 1127×10^8 kW·h，工程开发任务以发电为主，兼顾防洪、航运功能。目前，泸定、龙头石、长河坝、瀑布沟、黄金坪、大岗山、猴子岩、枕头坝一级、沙坪二级、深溪沟、龚嘴、铜街子、沙湾、安谷等 14 个水电梯级已建成，巴拉、双江口、金川等 3 个水电梯级正在建设，下尔呷、达维、卜寺沟、丹巴、安宁、硬梁包、巴底、老鹰岩一级、老鹰岩二级、老鹰岩三级、沙坪一级等水电梯级处于规划或建设阶段。干流未开发河段由 8 段组成，总长仅 71km，由于水电站的修建，产生 62.7km 的减水河段。大渡河干流水电梯级规划后河流具体状况见表 4.6。

表 4.6　大渡河干流水电梯级规划后河流状况（km）

序号	水电站名称	距河口距离	水库回水长度最大值	减水河段
1	下尔呷	796.82	61.7	
2	巴拉	766.31	26	8.9
3	达维	748.35	18	
4	卜寺沟	700.5	34.8	
5	双江口	646.69	61	
6	金川	615.84	30.9	
7	安宁	584.14	25.1	
8	巴底	535.42	28.7	
9	丹巴	520.42	13.4	18
10	猴子岩	468.45	43.9	
11	长河坝	423.47	36.4	
12	黄金坪	407.45	15.5	
13	泸定	375.16	18.8	

续表

序号	水电站名称	距河口距离	水库回水长度最大值	减水河段
14	硬梁包	350.75	9.1	14.4
15	大岗山	313.56	32.1	
16	龙头石	293.62	16	
17	老鹰岩一级	275.32	7.6	
18	老鹰岩二级	273.27	8.1	
19	老鹰岩三级	271.02	5.7	
20	瀑布沟	193.99	72	
21	深溪沟	176.78	13	
22	枕头坝一级	160.77	18	
23	沙坪一级	142.52	12.8	
24	沙坪二级	128.5	8.8	
25	龚嘴	93.17	42	
26	铜街子	65.01	32.1	
27	沙湾	29.75	12.7	11
28	安谷	15.37	11.4	10.4

注：根据 2021 年及以前公开的可查询信息统计

4. 横江

横江干流规划 19 级开发方案，自上而下主要有渔洞、高桥、柏香林、悦乐、伏龙口等（表 4.7）。总装机容量为 778.6MW，年发电量为 35.82 亿 kW·h。其中下游四级采用低水头、河床式开发为主，其余河段大多为引水式开发，若不考虑预留河道的生态流量，势必对当地的生产、生活及生态环境构成威胁，必须妥善处理好水电开发与生态环境保护之间的关系。

表 4.7　横江主要水电站基本情况

编号	名称	北纬 /(°)	东经 /(°)	开发形式
1	渔洞	27.400 440	103.551 810	径流式
2	高桥	27.627 360	103.776 636	径流式
3	柏香林	27.597 942	103.762 300	径流式
4	悦乐	27.779 801	103.731 776	径流式
5	油房沟	27.830 666	103.773 773	引水式
6	黄葛灏	27.841 015	103.870 177	径流式
7	撒鱼沱	28.074 636	104.238 749	河床式
8	万年桥	28.234 933	104.179 341	河床式

编号	名称	北纬 /(°)	东经 /(°)	开发形式
9	燕子坡	28.315 148	104.261 697	河床式
10	杨柳滩	28.515 562	104.245 062	河床式
11	张窝	28.542 009	104.312 718	径流式（河床式）
12	伏龙口	28.625 387	104.418 964	河床式

注：根据 2021 年及以前公开的可查询信息统计。表中所列为主要水电站，其他水电站信息未获取，不再列入

4.4.4 典型大型通江湖泊

洞庭湖水域的人类活动主要为船舶通航，其中主要为运沙船；洞庭湖水域采砂作业较往年有明显减少。2019 年在洞庭湖岳阳鲶鱼口水域设置船舶监测断面，记录单位时间内通过断面的船舶类型、数量和行驶方向。总记录时长 35h，记录到各类船舶 682 艘，平均每小时通航密度为 19.48 艘，上行船舶数量 309 艘，下行船舶数量 373 艘，平均上下通航比例为 0.83 ∶ 1，通过观测发现，运沙船占比最大，共记录运沙船 380 艘，占 55.72%。2019 年在全洞庭湖几乎未见挖沙活动，表明国家与湖南省制定的洞庭湖挖沙管理政策取得了明显的效果，洞庭湖生态环境得到了很好的保护。

05

第 5 章　长江流域渔业水域生态环境影响因素

5.1 自然因素

5.1.1 水文条件

1. 水位变化

长江流域存在的明显季节性水位涨落特征对渔业水域生态环境有着深远影响。枯水期水位大幅下降，水域面积缩小、水体连通性变差，浅滩、河汊等鱼类重要的栖息、繁殖场所可能干涸或被分割，进而影响渔业水域在鱼类的生存、繁殖及幼鱼的生长发育等功能方面的作用。而洪水期水位迅速上涨，水流湍急，虽能带来更多的营养物质，但也可能冲毁鱼类的巢穴、破坏其产卵场等，影响渔业水域功能。

2. 水流速度

长江不同江段水流速度各异，湍急的水流适合一些适应急流环境的鱼类生存，它们依靠水流进行繁殖、觅食等活动，如中华鲟需要在特定的急流区域产卵；相反，水流缓慢的水域则是另一些喜静水环境鱼类的栖息地。水流速度一旦改变，如修建水利工程导致局部水流变缓，就会影响相应鱼类的分布和生活习性（Jiang et al.，2016）。

3. 水温变化

长江流域四季分明，水温随季节变化明显。不同鱼类对水温有不同的适应范围，一些冷水性鱼类适宜在水温较低的区域活动，而温水性鱼类则在水温较高的时段繁殖更为活跃。异常的水温变化，如极端高温或低温天气持续时间过长，可能导致鱼类的应激反应，影响其摄食、生长和繁殖，甚至造成鱼类死亡。

5.1.2 地质地貌

1. 河道形态

长江河道宽窄、深浅及弯曲程度等不同，如此复杂的河道形态形成了多样化的水生生态环境，河湾处水流相对平缓，容易沉积泥沙和有机物质，为底栖生物提供了良好的生存条件，进而吸引众多以底栖生物为食的鱼类聚集；而峡谷段水流湍急，为特定鱼类营造了独特的栖息场所。若河道因人为或自然因素发生改变，如河道裁弯取直等工程，则会破坏原有的生态环境多样性。

2. 底质类型

长江河床的底质有岩石、泥沙、砾石等不同类型，不同底质适合不同的底栖生物生存，像泥沙底质更有利于一些软体动物、环节动物等栖息，它们是鱼类的重要饵料来源。底质状况若遭到破坏，如大量采砂导致河床底质结构改变，会使底栖生物的生存环境恶化，从而间接影响鱼类的食物供应和栖息环境。

5.1.3 气候

1. 降水分布

长江流域降水不均，降水多的区域河流水量充沛，水域生物多样性相对丰富稳定；而降水少的地区可能面临水资源短缺，河流流量减少，进而影响渔业水域的面积、水质及生物多样性。此外，降水带来的地表径流会携带大量的营养物质、污染物等进入长江水域，对生态环境产生复杂影响。

2. 极端气候事件

暴雨、洪涝、干旱、寒潮等极端气候事件发生频率增加，会对渔业水域生态环境造成较大冲击。例如，暴雨引发的洪水可能造成水土流失加剧，大量泥沙和污染物冲入长江，使水体浑浊度增加、水质恶化；干旱会使水域面积急剧缩小，鱼类生存空间受限，水体自净能力下降，容易引发水生生物的生存危机。

5.2 人 为 因 素

5.2.1 水利工程建设

1. 大坝

长江上众多的大坝在防洪、发电、航运等方面发挥了重要作用，但同时对渔业水域生态环境产生了诸多影响。大坝阻断了鱼类的洄游通道，中华鲟、长江鲟等洄游性鱼类无法顺利到达上游的产卵场繁殖，导致其种群数量锐减；此外，大坝改变了下游的水文节律，使水流速度减缓、水位变化规律改变（Sánchez-Pérez et al.，2022；Stoffers et al.，2022），影响了鱼类的栖息环境和繁殖行为。

2. 航道整治工程

为了提升长江的航运能力，进行航道整治时，如疏浚河道、修建丁坝、顺坝等，破坏了原有的河床结构和水生生物栖息地，改变了水流条件，使一些鱼类的产卵场、索饵场等受到破坏，同时可能导致部分水域泥沙含量增加，影响水质和浮游生物的生长繁殖（Wu et al.，2011）。

5.2.2 水污染

1. 工业废水排放

长江流域工业发达，部分企业违规排放含有重金属（如汞、镉、铅等）、有机物（如石油类、酚类等）的废水，这些污染物进入水体后，有的会在水生生物体内富集，通过食物链传递，危害鱼类等生物的健康，甚至导致生物畸形、死亡；有的会改变水体的化学性质，影响水体的酸碱度、溶解氧含量等，破坏渔业水域的生态平衡。

2. 生活污水排放

随着流域内人口的增长和城市化进程的加快，生活污水排放量不断增加。生活污水中含有大量的氮、磷等营养物质及有机物，未经有效处理直接排入长江，会造成水体富营养化，引发藻类等浮游生物大量繁殖，形成水华现象，大量消耗水体溶解氧（Reynolds，2007），导致鱼类缺氧死亡，同时会影响水体的透明度和观赏性。

3. 农业面源污染

长江流域农业活动广泛，农田中使用的化肥、农药等，通过地表径流、雨水冲刷等方式流入长江及其支流。化肥中的氮、磷等元素会增加水体的营养负荷，引起富营养化（苗德志和李松梧，2007）；农药残留会对水生生物产生毒害作用，影响鱼类的繁殖、生长和免疫功能，降低渔业水域生态系统的稳定性。

5.2.3 水域生态功能破坏

1. 围湖造田

长江中下游地区存在围湖造田的历史，湖泊面积大幅减少，湖泊的生态功能如调蓄洪水、调节气候、为鱼类提供栖息繁殖场所等遭到破坏（Sánchez-Zapata et al.，2005），原本生活在湖泊中的鱼类失去了重要的生存空间，导致鱼类种群数量减少，渔业资源衰退。

2. 湿地破坏

长江流域有大量的湿地资源，湿地是众多鱼类、鸟类等生物的栖息地和繁殖地，具有重要的生态功能。然而，由于城市化、工业化及农业开垦等原因，湿地遭到侵占、破坏，湿地面积不断缩小，其净化水质、涵养水源、维持生物多样性等功能减弱，对渔业水域生态环境产生了负面影响。

综上所述，长江流域渔业水域生态环境受到自然因素和人为因素的综合影响，需要采取有效的保护和治理措施，来维护其生态平衡，保障渔业资源的可持续利用。

5.2.4 政策法规

严格的环保法规促使工业企业加强污水处理，减少了工业废水的违规排放，对控制水体中的重金属、有机物等污染物排放起到了关键作用（孙垦等，2022）；同时，一些法规要求生活污水进行集中处理，提高了生活污水的处理率，降低了生活污水对长江流域渔业水域的污染负荷，有助于改善水质，减少水污染对生态环境的破坏。环保法规的宣传和实施，提高了社会各界对长江流域生态环境保护的关注度和认知度，引导人们养成环保的生活和生产方式，从源头上减少对生态环境的破坏行为，如减少使用含磷洗涤剂等，对整个长江流域渔业水域生态环境的保护营造了良好的社会氛围（季耿善，2007a，2007b）。但不同地区在执行环保法规时存在差异，部分经济相对落后地区可能由于资金、技术等方面的限制，对工业废水、生活污水的处理及对农业面源污染的管控力度不够，导致法规执行效果打折扣，仍然存在一定程度的水污染问题，影响渔业水域生态环境的持续改善。随着经济社会的发展及对生态环境认识的不断深入，现有的一些环保法规可能在部分内容上存在滞后性，不能完全适应长江流域渔业水域生态环境变化的新情况和新问题，如对于一些新型污染物的管控还缺乏明确的规定，需要及时进行法规的更新和完善。

综上所述，人类活动对长江流域渔业水域生态环境造成了多方面的干扰和破坏，虽然相关政策法规的实施取得了一定的积极作用，但也存在一些有待解决的问题，需要进一步加强监管、完善配套措施及持续优化法规内容，以更好地保护长江流域渔业水域生态环境，实现生态与经济的协调发展。

06

第 6 章

长江流域渔业水域生态环境保护与修复策略

6.1 已开展的渔业水域生态环境保护项目及其实施效果

6.1.1 湿地恢复项目

长江中下游地区开展了众多湿地恢复项目，通过退田还湖、拆除围堤、疏通水系等措施，恢复湿地的自然生态面貌。例如，洞庭湖、鄱阳湖等湖泊周边实施了大规模的湿地生态修复工程，扩大了湿地面积，恢复了湿地的水文连通性（张范平等，2020）。湿地生态功能得到一定程度的恢复，调蓄洪水能力增强，在雨季能更好地吸纳洪水，减轻洪涝灾害风险（Dai et al.，2015）；为众多鱼类、鸟类等生物提供了适宜的栖息、繁殖场所，生物多样性有所提升，许多珍稀鸟类的数量逐渐增多，鱼类的产卵场、索饵场也得到扩充，渔业资源有了更好的生存基础，水域生态系统的稳定性得到改善。

6.1.2 增殖放流项目

长江流域各地长期坚持开展增殖放流活动，投放的鱼苗种类涵盖了中华鲟、长江鲟、四大家鱼（青鱼、草鱼、鲢、鳙）等多种重要经济鱼类和珍稀濒危鱼类。放流活动由渔业管理部门组织，联合科研机构确定适宜的放流地点、时间及鱼苗规格等，确保放流效果。在一定程度上补充了长江渔业资源的种群数量，对一些濒危鱼类的种群恢复起到了积极作用（程睿等，2025）。例如，对中华鲟实施增殖放流后，虽然其面临的生存困境依然严峻，但放流的个体为种群延续增添了希望（董芳和危起伟，2024）；同时，放流的滤食性鱼类能够有效控制水体中的浮游生物数量，对改善水质、减轻水体富营养化也有一定帮助，促进了渔业水域生态系统的良性发展（Yang et al.，2014；刘振宇等，2024）。

6.1.3 生态护坡建设项目

在长江河道、湖泊岸线等区域开展生态护坡建设，摒弃传统的硬质护坡方式，采用种植水生植物、铺设生态砖等形式构建生态护坡。例如，在一些城市内河与长江交汇处，通过种植芦苇、菖蒲等植物，打造生态友好型岸坡，增强了河岸的稳定性，减少了水土流失，降低了泥沙入江量，有助于维持水体清澈度（汪渊，2023）；同时，生态护坡为底栖生物提供了附着和栖息场所，丰富了水生生物多样性（匡义等，2023），为鱼类营造了更好的觅食环境，改善了渔业水域的生态条件。

6.2 管理体制、执法监管采取的措施及取得的经验教训

6.2.1 管理体制

多地建立了跨部门的生态环境管理协调机制，部分地方由渔业、水利、环保、自然资源等多部门组成联合管理小组，共同制定长江流域渔业水域生态环境保护规划，明确各部门职责，加强信息共享与协同合作。同时，部分地区设立了专门的长江生态保护办公室，统筹协调各类保护工作。跨部门协调机制在一定程度上打破了部门壁垒，提高了管理效率，但在实际运行中也存在协调难度较大、部分职责划分不够清晰等问题，导致在一些项目推进和问题处理上出现推诿现象。而设立专门办公室的地区，在统筹资源和推进重点工作方面有优势，但可能存在与其他部门沟通成本较高、权力交叉等情况，需要进一步优化权力配置和沟通机制。

6.2.2 执法监管方面

加强执法队伍建设，配备先进的执法设备，如巡逻艇、无人机等，可提高对长江流域渔业水域的巡查覆盖范围和频次。开展多部门联合执法行动，严厉打击非法捕捞、非法排污、非法采砂等破坏生态环境的行为，同时设立举报奖励制度，鼓励公众参与监督。执法力量的增强和联合执法行动确实可对违法行为起到震慑作用，违法行为数量有所减少。但长江流域范围广阔，监管仍存在一些盲区，部分偏远地区难以做到实时监管，非法行为时有发生。公众举报虽然能提供线索，但存在举报信息核实难、奖励机制落实不到位等情况，需要进一步完善相关制度，充分调动公众积极性。

6.3 保护与修复建议

6.3.1 优化产业结构

1. 调整渔业产业布局

根据长江流域不同江段、湖泊的生态承载能力，合理规划渔业养殖区域和捕捞区域，引导渔民从传统的粗放式养殖和捕捞向生态养殖、适度捕捞转变，在一些生态敏感区减小养殖规模，发展循环水养殖等绿色养殖模式，降低渔业水域生态环境的压力（黄一心等，2021）。

2. 推动渔业与其他产业融合发展

鼓励渔业与生态旅游、休闲农业等产业融合，打造渔业文化旅游景点、开展垂钓体验等活动，增加渔业的附加值，使渔民从单纯依赖渔业资源捕捞获取收入转变为通过多种产业渠道增收，减少对渔业资源的过度开发，同时提升长江渔业文化的影响力。

6.3.2 强化污染治理

1. 工业污染治理

进一步加强对长江流域工业企业的环境监管，严格执行环保准入制度，提高新建项目的环保门槛，要求企业采用先进的污水处理技术，确保工业废水达标排放。定期对企业进行环保检查，加大对违规排放企业的处罚力度，建立企业环境信用评价体系，促使企业自觉履行环保责任（周侃等，2020）。

2. 生活污水治理

加快完善长江流域城镇和乡村的生活污水处理设施建设，提高污水收集率和处理率，尤其是加强对农村生活污水的治理，因地制宜地采用分散式污水处理设备或建设小型污水处理站等方式，减少生活污水向长江及其支流的直接排放。同时，推广使用环保型生活产品，如无磷洗涤剂等，从源头上减少生活污水中的污染物含量。

3. 农业面源污染治理

推广科学的施肥、施药技术，引导农民合理使用化肥和农药，降低其使用量，提高利用效率，如采用测土配方施肥、精准施药等方法。同时，加强对农田径流的生态拦截和净化处理，通过建设生态沟渠、人工湿地等设施，对携带化肥、农药等污染物的地表径流进行过滤和净化，减少农业面源污染物进入长江渔业水域。

6.3.3 完善生态补偿机制

1. 建立多元化补偿资金来源渠道

除了政府财政投入外，积极引导社会资本参与长江流域渔业水域生态补偿，探索设立生态保护基金、发行生态债券等方式的可行性，筹集更多资金用于生态修复项目等方面，推动渔业生态环境持续改善，促进长江流域渔业的可持续发展。

2. 科学制定补偿标准和范围

综合考虑渔业资源损失、生态功能损害等多方面因素，制定合理的生态补偿标准，确保受损主体能够得到充分合理的补偿。同时，明确补偿范围，不仅涵盖直接受到生态破坏影响的渔民群体，还应包括参与生态修复、提供生态服务的相关主体，如湿地保护者等，提高各方参与生态保护的积极性。

3. 加强补偿资金管理与监督

建立健全生态补偿资金的管理和使用制度，确保资金专款专用，提高资金使用的透明度和效益。加强对资金使用情况的审计和监督，防止出现资金挪用、浪费等现象，保障生态补偿机制的有效运行。

 6.4 长江流域渔业水域生态环境可持续发展的方向与前景

未来，长江流域渔业水域生态环境有望朝着更加健康、可持续的方向发展。随着各项保护与修复策略的持续推进和不断完善，渔业资源将得到进一步恢复和丰富，中华鲟等珍稀濒危物种有望摆脱濒危困境，种群数量逐步稳定增长。生态系统的完整性和稳定性将不断增强，湿地、湖泊、河流等各类生态系统的生态功能得以充分发挥，在防洪、调水、净化水质、维持生物多样性等方面为长江流域乃至全国的生态安全提供坚实保障。

同时，通过产业结构优化和生态补偿机制完善等举措，长江流域的经济发展与生态保护将实现更好的协调共进，渔业与其他相关产业融合发展将创造更多的就业机会和经济价值，形成生态良好、经济繁荣、社会和谐的新局面。公众的生态保护意识也将进一步提高，使全社会共同参与长江流域渔业水域生态环境保护的氛围更加浓厚，为其可持续发展奠定坚实的社会基础。然而，这一过程仍面临诸多挑战，需要持续加大投入、不断创新管理机制和技术手段，以应对新出现的生态环境问题，确保长江流域渔业水域生态环境的可持续发展目标得以顺利实现。

长江流域渔业水域生态环境保护与修复是一项长期而艰巨的任务，需要政府、社会、企业和个人共同努力，采取科学有效的策略，不断探索和实践，才能实现生态与经济的双赢，守护好长江这一中华民族的母亲河。

07

第 7 章　结论与展望

7.1　研究结论

本研究系统开展了长江十年禁渔前长江干流、重要支流及典型通江湖泊的渔业水质、浮游生物、底栖生物等的基本状况研究。

7.1.1　水质

根据《渔业水质标准》和《地表水环境质量标准》Ⅲ类水标准，长江流域水质总体较好，基本符合《渔业水质标准》，可以满足鱼类生长繁殖需求。总氮和总磷为主要超标污染物，高锰酸盐指数、pH、重金属铜、重金属汞、挥发酚和石油类仅在部分站位的部分时期超标。水质综合污染指数评价结果表明，长江流域水质基本处于较好到中度污染水平，但横江的水质处于严重污染（重金属汞严重超标）水平。调查区域水体整体水质尚可。总体来看，长江干流水质情况普遍优于两湖和支流；支流区域水质好于两湖，在部分时期有例外。受人类活动影响较大的支流水域水质比受人类活动影响小的支流水域水质差。

7.1.2　浮游植物

全长江流域共调查到浮游植物8门711种（属），其中硅藻门种类数最多，共298种（属）；其次为绿藻门，共229种（属）。在所有调查到的浮游植物中，硅藻门的小环藻、变异直链藻、颗粒直链藻、舟形藻、菱形藻、尖针杆藻、肘状针杆藻、美丽星杆藻、粗壮双菱藻，绿藻门的衣藻、小球藻，裸藻门的裸藻等在全水域广泛存在。全长江流域共有优势种7门96种（属），以硅藻门占显著优势。全长江流域浮游植物密度年平均值为 $141.25 \times 10^4 cells/L \pm 223.02 \times 10^4 cells/L$，变动范围为 $0.55 \times 10^4 \sim 1104.20 \times 10^4 cells/L$；全长江流域浮游植物生物量年平均值为 $1.1052mg/L \pm 1.5997mg/L$，变动范围为 $0.0189 \sim 9.5008mg/L$。整体而言，浮游植物密度和生物量均表现为两湖＞长江支流＞长江干流。

7.1.3　浮游动物

全流域共鉴定浮游动物452种（属），其中原生动物131种（属），占比28.98%；轮虫129种（属），占比28.54%；枝角类73种（属），占比16.15%；桡足类83种（属），占比18.36%；其他36种（属），占比7.96%。全流域浮游动物密度范围为 $0.02 \sim 3228.11 ind./L$，密度平均值为 $484.76 ind./L \pm 884.40 ind./L$；生物量范围为 $0.00 \sim 6.64mg/L$，生物量平均值为 $0.73mg/L \pm 1.50mg/L$。

7.1.4 底栖动物

长江流域干流、支流（9条）和湖泊（洞庭湖和鄱阳湖）共采集底栖动物548种（属），隶属6门11纲139科。全长江流域底栖动物出现频率在5.9%～70.6%，出现频率最高的是河蚬，淡水壳菜和钩虾次之。长江流域的底栖动物平均密度均值为373.1ind./m²±376.0ind./m²，变动范围为9.3～1340.5ind./m²；平均生物量均值为46.9g/m²±98.1g/m²，变动范围为0.1～342.5g/m²。

7.2 研究不足与展望

本研究因研究时间较短，存在着许多局限性与不足之处。

7.2.1 数据时空局限性

1. 时间维度

现有的研究数据在时间跨度上不够长，难以完整呈现长江流域渔业水域生态环境的长期变化趋势，对更长时间的历史数据收集和分析不足，无法准确评估人类活动对生态环境的长期累积影响。

2. 空间维度

研究的空间覆盖范围可能存在局限性，部分研究重点关注干流、重要支流和典型湖泊等区域，而对一些小型支流、小型湖泊等区域的调查相对较少，导致对整个长江流域渔业水域生态环境的认识不够全面。

7.2.2 研究方法与指标单一性

1. 研究方法

一些研究在方法上可能相对单一，多采用传统的调查和监测手段，对于新兴技术的应用不足。例如，遥感、无人机、自动监测、人工智能（AI）等技术使用较少，无法获取较为连续和翔实的研究数据。

2. 指标选取

在评估渔业水域生态环境时，所选取的指标可能不够全面，往往侧重于水质等常规指标，而对水生生物多样性、生态系统功能、栖息地质量等关键指标的关注不够，难以全面准确地反映生态环境的真实状况。

7.2.3 对人类活动影响复杂性的考虑不足

1. 欠缺影响因素综合分析

在研究人类活动对长江流域渔业水域生态环境的影响时，往往侧重于单一因素的分析，而对多种人类活动因素之间的相互作用和叠加效应考虑不足，无法全面揭示生态环境破坏的复杂机制。

2. 缺乏社会经济因素关联研究

对长江流域渔业水域生态环境的研究大多集中在自然科学领域，与社会经济因素的关联研究相对较少，未能充分考虑区域经济发展模式、人口增长、产业结构调整等因素对渔业生态环境的间接影响。

7.3 研究展望与建议

7.3.1 完善监测体系与数据共享

1. 构建长期全面监测网络

建立覆盖长江全流域的长期、定点、多学科的综合监测网络，包括对水生生物多样性、水质、水文、栖息地等多方面的监测，同时增加对支流、湖泊、水生生物保护区等区域的监测点位，以获取更全面、更准确的数据，为深入研究提供基础。

2. 数据共享与整合

加强不同部门、不同地区之间的数据共享和整合，建立统一的长江流域渔业水域生态环境数据库，打破数据壁垒，促进跨学科、跨区域的研究合作，提高数据的利用效率和研究成果的综合性。

7.3.2 创新研究方法与技术应用

1. 多学科融合研究

鼓励开展多学科交叉融合的研究，将生物学、生态学、水文学、环境科学、地理学、经济学等多学科知识和方法相结合，从不同角度深入研究长江流域渔业水域生态环境问题，为综合解决方案的制定提供科学依据。

2. 新技术应用推广

积极引入和应用先进的技术手段，如卫星遥感、无人机监测、水下声学探测、环境

DNA 技术等，提高对长江流域渔业水域生态环境的监测精度和效率，及时发现和解决潜在的生态问题。

7.3.3　深化人类活动影响机制研究

1. 综合影响评估模型构建

建立综合考虑多种人类活动因素及其相互作用的影响评估模型，通过模型模拟和分析，深入研究人类活动对长江流域渔业水域生态环境的复杂影响机制，为制定针对性的保护和管理措施提供科学支撑。

2. 社会经济与生态环境耦合研究

加强对长江流域社会经济发展与渔业水域生态环境之间的耦合关系研究，分析不同发展模式下生态环境的响应特征，为实现生态保护与经济发展的协调共进提供决策支持。

7.3.4　加强生态修复与保护策略研究

1. 生态修复技术研发与示范

加大对长江流域渔业水域生态修复技术的研发投入，开展生态修复工程的示范和推广，探索适合不同区域及生态类型的修复模式和技术措施，如湿地恢复、河湖水系连通、栖息地重建等，提高生态修复的效果和可持续性。

2. 保护策略优化与适应性管理

根据长江流域渔业水域生态环境的变化趋势和研究成果，不断优化现有的保护策略和管理措施，实施适应性管理，及时调整政策和行动，以更好地应对生态环境面临的新挑战和新问题。

参 考 文 献

陈宇顺 . 2018. 长江流域的主要人类活动干扰、水生态系统健康与水生态保护 . 三峡生态环境监测，
　　3(3): 66-73.

程俊翔，徐力刚，姜加虎，等 . 2016. 洞庭湖流域径流量对气候变化和人类活动的响应研究 . 农业
　　环境科学学报，35(11): 2146-2153.

程睿，张东亚，杨洋，等 . 2025. 国家重点保护淡水鱼类增殖放流现状、问题及建议 . 人民长江，(2):
　　1-16.

董芳，危起伟 . 2024. 论中华鲟拯救性保护的途径 . 水生生物学报，48(9): 1610-1616.

韩茂森，等 . 1980. 淡水浮游生物图谱 . 北京：农业出版社 .

韩茂森，束蕴芳 . 1995. 中国淡水生物图谱 . 北京：海洋出版社 .

胡鸿钧，李尧英，魏印心，等 . 1980. 中国淡水藻类 . 上海：上海科学技术出版社 .

胡鸿钧，魏印心 . 2006. 中国淡水藻类：系统、分类及生态 . 北京：科学出版社 .

黄一心，鲍旭腾，孟菲良，等 . 2021. 中国渔业节能减排状况及发展建议 . 渔业现代化，48(3): 10-17.

季耿善 . 2007a. 水域富营养化及对我国洗涤剂"禁磷"的讨论和发展建议报告（上）. 环境保护，
　　35(22): 40-45.

季耿善 . 2007b. 水域富营养化及对我国洗涤剂"禁磷"的讨论和发展建议报告（下）. 环境保护，
　　35(22): 47-50.

蒋燮治，堵南山 . 1979. 中国动物志 节肢动物门 甲壳纲 淡水枝角类 . 北京：科学出版社 .

匡义，陈一新，张迅，等 . 2023 新型生态护坡水质净化效果评估 . 浙江水利水电学院学报，35(3):
　　43-49, 64.

李丹，徐瑞永，孙昭宁，等 . 2015. 渔业生态环境研究进展 . 中国农业科技导报，17(1): 153-159.

刘国强，徐驰，陈秀青，等 . 2023. 长江流域水网规划建设的思考 . 长江技术经济，7(1): 53-56, 105.

刘建康，曹文宣 . 1992. 长江流域的鱼类资源及其保护对策 . 长江流域资源与环境，1(1): 17-23.

刘月英，张文珍，王跃先 . 1993 医学贝类学 . 北京：海洋出版社 .

刘月英，张文珍，王跃先，等 . 1979. 中国经济动物志 淡水软体动物 . 北京：科学出版社 .

刘振宇，刘虎，郭匿春，等 . 2024. 滤食性鱼类控藻过程中的浮游甲壳动物群落结构研究 . 安徽农
　　业大学学报，51(5): 808-818.

苗德志，李松梧 . 2007. 谈谈化肥对水域的污染及其防治 . 农业环境与发展，24(2): 58-60.

穆宏强 . 2020. 长江流域水资源保护与管理 . 水电与新能源，34(9): 1-5.

欧阳珊，詹诚，陈堂华，等 . 2009. 鄱阳湖大型底栖动物物种多样性及资源现状评价 . 南昌大学学
　　报（工科版），31(1): 9-13.

沈韫芬，章宗涉，龚循矩，等 . 1990. 微型生物监测新技术 . 北京：中国建筑工业出版社 .

孙垦，华宇峰，王镇岳 . 2022. 工业废水重金属污染与健康风险评价研究 . 华北水利水电大学学报
　　（自然科学版），43(3): 99-108.

汪渊 . 2023. 城市河道生态护坡工程设计研究 . 城市建设理论研究（电子版），(28): 45-47.

王洪铸 . 2002. 中国小蚓类研究：附中国南极长城站附近地区两新种 . 北京：高等教育出版社 .

王家楫 . 1961. 中国淡水轮虫志 . 北京：科学出版社 .

王小毛，欧伏平，王丑明，等 . 2016. 洞庭湖底栖动物长期演变特征及影响因素分析 . 农业环境科学学报，35(2): 336-345.

翁建中，徐恒省 . 2010. 中国常见淡水浮游藻类图谱 . 上海：上海科学技术出版社 .

吴岳玲 . 2020. 水质综合评价及预测研究进展 . 安徽农业科学，48(2): 23-26.

谢钦铭，李云，熊国根 . 1995. 鄱阳湖底栖动物生态研究及其底层鱼产力的估算 . 江西科学，13(3): 161-170.

许文锋，张乐满，范依捷，等 . 2024. 1470 年以来长江流域降水重建及其特征分析 . 地理科学，44(11): 2029-2038.

杨海乐，沈丽，何勇凤，等 . 2023. 长江水生生物资源与环境本底状况调查 (2017-2021). 水产学报，47(2): 3-30.

姚仕明，王洪杨，刘玉娇，等 . 2023. 长江流域河湖近期演变与保护研究进展 . 中国防汛抗旱，33(9): 1-13.

张范平，胡松涛，张梅红 . 2020. 鄱阳湖湿地面临的主要问题及原因分析 . 南昌工程学院学报，39(1): 53-59.

章宗涉，黄祥飞 . 1991. 淡水浮游生物研究方法 . 北京：科学出版社 .

中国科学院动物研究所甲壳动物研究组 . 1979. 中国动物志 节肢动物门 甲壳纲 淡水桡足类 . 北京：科学出版社 .

周侃，伍健雄，钱者东，等 . 2020. 长江经济带水污染物减排的空间效应及驱动因素 . 中国环境科学，40(2): 885-895.

Dai X, Wan R R, Yang G S. 2015. Non-stationary water-level fluctuation in China's Poyang Lake and its interactions with Yangtze River. Journal of Geographical Sciences, 25(3): 274-288.

Jiang T, Liu H B, Lu M J, et al. 2016. A possible connectivity among estuarine tapertail anchovy (*Coilia nasus*) populations in the Yangtze River, Yellow Sea, and Poyang Lake. Estuaries and Coasts, 39(6): 1762-1768.

Reynolds C S. 2007. Variability in the provision and function of mucilage in phytoplankton: facultative responses to the environment. Hydrobiologia, 578(1): 37-45.

Sánchez-Pérez A, Torralva M, Zamora-Marín J M, et al. 2022. Multispecies fishways in a Mediterranean River: Contributions as migration corridors and compensatory habitat for fish. Science of the Total Environment, 830: 154613.

Sánchez-Zapata J A, Anadón J D, Carrete M, et al. 2005. Breeding waterbirds in relation to artificial pond attributes: Implications for the design of irrigation facilities. Biodiversity & Conservation, 14(7): 1627-1639.

Shrestha S, Farrelly J, Eggleton M, et al. 2017. Effects of conservation wetlands on stream habitat, water quality and fish communities in agricultural watersheds of the lower Mississippi River Basin. Ecological Engineering, 107: 99-109.

Stoffers T, Buijse A D, Geerling G W, et al. 2022. Freshwater fish biodiversity restoration in floodplain rivers requires connectivity and habitat heterogeneity at multiple spatial scales. Science of the Total Environment, 838: 156509.

Wu N, Schmalz B, Fohrer N. 2011. Distribution of phytoplankton in a German lowland river in relation to environmental factors. Journal of Plankton Research, 33(5): 807-820.

Xie Z, Liang Y L, Wang J, et al. 2002. Preliminary studies of macroinvertebrates of the mainstream of the Changjiang (Yangtze) River. Acta Hydrobiologica Sinica, 23(suppl): 148-157.

Yang W, Deng D G, Zhang S, et al. 2014. Seasonal dynamics of crustacean zooplankton community structure in Erhai Lake, a plateau lake, with reference to phytoplankton and environmental factors. Chinese Journal of Oceanology and Limnology, 32(5): 1074-1082.

附表 1　长江流域浮游植物优势种名录

序号	门	中文种名	拉丁名	河源至金沙江	长江上游	三峡库区	长江中游	长江下游	长江口	洞庭湖	鄱阳湖	雅砻江	横江	岷江	大渡河	沱江	赤水河	嘉陵江	乌江	汉江
1	蓝藻门	鱼腥藻	Anabaena sp.				+													
2		卷曲鱼腥藻	Anabaena circinalis																	+
3		水华鱼腥藻	Anabaena flos-aquae								+									
4		湖沼色球藻	Chroococcus limneticus																	+
5		小形色球藻	Chroococcus minor																	+
6		色球藻	Chroococcus sp.								+									
7		针晶拟指球藻	Dactylococcopsis rhaphidioides					+												
8		细小平裂藻	Merismopedia minima					+												
9		微小平裂藻	Merismopedia tenuissima					+												+
10		铜绿微囊藻	Microcystis aeruginosa						+	+										
11		不定微囊藻	Microcystis incerta							+										
12		惠氏微囊藻	Microcystis wesenbergii						+											
13		颤藻	Oscillatoria sp.			+	+													
14		席藻	Phormidium sp.				+													
15		奥克席藻	Phormidium okenii							+										
16		小席藻	Phormidium tenue				+				+									
17		浮丝藻	Planktothrix sp.														+			

续表

序号	门	中文种名	拉丁名	河源至金沙江	长江上游	三峡库区	长江中游	长江下游	长江口	洞庭湖	鄱阳湖	雅砻江	横江	岷江	大渡河	沱江	赤水河	嘉陵江	乌江	汉江
18	蓝藻门	细浮鞘丝藻	*Planktolyngbya subtilis*														+			
19		伪鱼腥藻	*Pseudanabaena* sp.			+												+		+
20		湖泊伪鱼腥藻	*Pseudanabaena limnetica*													+			+	
21		尖头藻	*Raphidiopsis* sp.				+													
22		纤维藻	*Ankistrodesmus* sp.								+					+				
23		狭形纤维藻	*Ankistrodesmus angustus*								+									+
24		衣藻	*Chlamydomonas* sp.					+										+		
25		球衣藻	*Chlamydomonas globosa*																	+
26		逗点衣藻	*Chlamydomonas komma*													+				+
27		卵形衣藻	*Chlamydomonas ovalis*																	+
28		小球藻	*Chlorella vulgaris*							+	+					+		+		
29	绿藻门	空星藻	*Coelastrum* sp.												+				+	
30		网状空星藻	*Coelastrum reticulatum*		+										+			+		+
31		空球藻	*Eudorina* sp.															+		
32		细链丝藻	*Hormidium subtile*										+							
33		游丝藻	*Planctonema lauterbornii*					+												
34		实球藻	*Pandorina* sp.																+	
35		塔胞藻	*Pyramidomonas* sp.															+		
36		拟绿球藻	*Pseudochlorococcum* sp.								+							+		
37		双对栅藻	*Scenedesmus bijuga*					+												+

续表

序号	门	中文种名	拉丁名	河源至金沙江	长江上游	长江三峡库区	长江中游	长江下游	长江口	洞庭湖	鄱阳湖	雅砻江	横江	岷江	大渡河	沱江	赤水河	嘉陵江	乌江	汉江
38	绿藻门	栅藻	Scenedesmus sp.																	
39		球囊藻	Sphaerocystis sp.															+		
40		丝藻	Ulothrix sp.				+													
41		曲壳藻	Achnanthes sp.		+									+						
42		美丽星杆藻	Asterionella formosa	+								+								
43		扎卡四棘藻	Attheya zachariasi												+					+
44		螺旋颗粒沟链藻	Aulacoseira granulata var. angustissima f. spiralis			+						+								
45		扁圆卵形藻	Cocconeis placentula		+	+							+							
46		卵形藻	Cocconeis sp.														+			
47		透明卵形藻	Cocconeis pellucida																	+
48	硅藻门	蛇目圆筛藻	Coscinodiscus argus						+											
49		星脐圆筛藻	Coscinodiscus asteromphalus						+						+					
50		琼氏圆筛藻	Coscinodiscus jonesianus						+											
51		湖沼圆筛藻	Coscinodiscus lacustris															+		
52		虹彩圆筛藻	Coscinodiscus oculus-iridis						+											
53		梅尼小环藻	Cyclotella meneghiniana					+								+	+			+
54		链形小环藻	Cyclotella catenata									+								
55		小环藻	Cyclotella sp.		+	+					+		+					+	+	
56		桥弯藻	Cymbella sp.	+								+						+		
57		胀大桥弯藻	Cymbella turgidula																	+

续表

序号	门	中文种名	拉丁名	洞源至金沙江	长江上游	长江三峡库区	长江中游	长江下游	长江口	洞庭湖	鄱阳湖	雅砻江	横江	岷江	大渡河	沱江	赤水河	嘉陵江	乌江	汉江
58	硅藻门	等片藻	Diatoma sp.												+					
59		普通等片藻	Diatoma vulgare			+						+		+	+					+
60		短缝藻	Eunotia sp.																	+
61		脆杆藻	Fragilaria sp.	+										+	+	+		+		
62		[字迹不清]	[字迹不清]																	
63		克洛脆杆藻	Fragilaria crotonensis									+								
64		变绿脆杆藻	Fragilaria virescens	+																
65		异极藻	Gomphonema sp.		+	+						+	+		+					
66		缢缩异极藻	Gomphonema constrictum																	+
67		缢缩异极藻头状变种	Gomphonema constrictum var. capitatum										+							
68		橄榄绿异极藻	Gomphonema olivaceum														+			
69		颗粒直链藻	Melosira granulata	+	+	+	+		+			+							+	+
70		颗粒直链藻极狭变种	Melosira granulata var. angustissima		+	+			+			+								
71		直链藻	Melosira sp.	+		+					+							+		
72		变异直链藻	Melosira varians			+	+							+	+	+	+			+
73		舟形藻	Navicula sp.	+				+						+	+	+				
74		隐头舟形藻	Navicula cryptocephala								+									
75		双头舟形藻	Navicula dicephala														+			
76		微型舟形藻	Navicula minima										+							
77		简单舟形藻	Navicula simples																	+

续表

序号	门	中文种名	拉丁名	河源至金沙江	长江上游	长江三峡库区	长江中游	长江下游	长江口	洞庭湖	鄱阳湖	雅砻江	横江	岷江	大渡河	沱江	赤水河	嘉陵江	乌江	汉江
78	硅藻门	喙头舟形藻	Navicula rhynchocephala																	+
79		谷皮菱形藻	Nitzschia palea									+								
80		菱形藻	Nitzschia sp.		+	+		+					+							
81		针形菱形藻	Nitzschia acicularis																+	
82		根管藻	Rhizosolenia sp.															+		
83		中肋骨条藻	Skeletonema costatum						+											
84		放射针杆藻	Synedra actinastroides					+												+
85		尖针杆藻	Synedra acus	+		+	+	+		+		+	+	+						+
86		两头针杆藻	Synedra amphicephala	+									+	+						
87		针杆藻	Synedra sp.												+					
88		肘状针杆藻	Synedra ulna	+																
89	甲藻门	飞燕角甲藻	Ceratium hirundinella	+			+													+
90		拟多甲藻	Peridiniopsis sp.									+								
91		隐藻	Cryptomonas sp.																	
92	隐藻门	尖尾蓝隐藻	Chroomonas acuta			+		+												
93		蓝隐藻	Chroomonas sp.								+					+				
94		啮蚀隐藻	Cryptomonas erosa			+		+												
95	裸藻门	膝曲裸藻	Euglena geniculata																	+
96	金藻门	圆筒形锥囊藻	Dinobryon cylindricum	+				+												

注:"+"表示采集到物种

附表 2　长江流域浮游动物优势种名录

序号	门	种	拉丁名或英文名	金沙江	长江上游干流	三峡库区	长江中游干流	长江下游干流	长江口	洞庭湖	雅砻江	横江	汉江	沱江
1		广布中剑水蚤	*Mesocyclops leuckarti*	+						+				
2		近邻剑水蚤	*Cyclops vicinus vicinus*	+										
3		特异荡镖水蚤	*Neutrodiaptomus incongruens*	+										
4		指状许水蚤	*Schmackeria inopinus*	+										
5		虫肢歪水蚤	*Tortanus vermiculus*						+					
6		短额刺糠虾	*Acanthomysis brevirostris*						+					
7		火腿许水蚤	*Schmackeria poplesia*						+					
8		四刺窄腹剑水蚤	*Limnoithona tetraspina*						+					
9		透明溞	*Daphnia hyalina*						+					
10	节肢动物门	长额刺糠虾	*Acanthomysis longirostris*						+					
11		针刺拟哲水蚤	*Paracalanus aculeatus*						+					
12		真刺唇角水蚤	*Labidocera euchaeta*						+					
13		中华华哲水蚤	*Sinocalanus sinensis*						+					
14		脆弱象鼻溞	*Bosmina fatalis*											+
15		萼花臂尾轮虫	*Brachionus calyciflorus*	+			+							
16		曲腿龟甲轮虫	*Keratella valga*	+			+			+		+		
17		剑水蚤	*Cyclops* sp.		+									

续表

序号	门	种	拉丁名或英文名	金沙江	长江上游干流	三峡库区	长江中游干流	长江下游干流	长江口	洞庭湖	淮沧江	横江	汉江	沱江
18	节肢动物门	剑水蚤幼体	Cyclopoid larva		+	+								
19		汤匙华哲水蚤	Sinocalamus dorrii		+									
20		无节幼体	Nauplius	+	+	+				+		+		
21		哲水蚤	Calamus sp.		+									
22		哲水蚤幼体	Calanoid copepods larva			+								
23		等刺温剑水蚤	Thermocyclops kawamurai							+				
24		透明温剑水蚤	Thermocyclops hyalinus							+				
25		简弧象鼻溞	Bosmina coregoni		+	+								
26		长额象鼻溞	Bosmina longirostris		+					+				
27		指状许水蚤	Schmackeria inopinus		+									
28		长肢秀体溞	Diaphanosoma leuchtenbergianum							+				
29	轮虫动物门	镰状臂尾轮虫	Brachionus falcatus				+							
30		尖尾班毛轮虫	Synchaeta stylata					+						
31		针簇多肢轮虫	Polyarthra trigla					+		+	+			
32		卵形泡甲轮虫	Lepadella ovalis							+				
33		尖趾单趾轮虫	Monostyla closterocerca									+		
34	原生动物门	普通表壳虫	Arcella vulgaris			+				+				
35		砂壳虫	Difflugia sp.			+	+							
36		表壳虫	Arcella sp.				+							
37		累枝虫	Epistylis sp.				+					+		

续表

序号	门	种	拉丁名或英文名	金沙江	长江上游干流	三峡库区	长江中游干流	长江下游干流	长江口	洞庭湖	雅砻江	横江	汉江	沱江
38	原生动物门	球形砂壳虫	*Difflugia globulosa*				+			+				
39		王氏似铃壳虫	*Tintinnopsis wangi*				+			+	+		+	
40		筒壳虫	*Tintinnidium sp.*							+				
41		针棘匣壳虫	*Centropyxis aculeata*							+		+	+	
42		淡水筒壳虫	*Tintinnidium fluviatile*								+		+	
43		小筒壳虫	*Tintinnidium pusillum*								+		+	
44		旋回侠盗虫	*Strobilidium gyrans*								+		+	
45		尾毛虫	*Urotricha sp.*								+		+	
46		斜口三足虫	*Trinema enchelys*									+		
47		滚动焰毛虫	*Askenasia volvox*										+	
48		胡梨壳虫	*Nebla barbata*										+	
49		绿急游虫	*Strombidium viride*										+	
50		梨形四膜虫	*Tetrahymena pyriformis*										+	
51		毛板壳虫	*Coleps hirtus*										+	
52		明显长颈虫	*Dileptus conspicuus*										+	
53		腔裸口虫	*Holophrya atra*										+	
54		蛹形斜口虫	*Enchelys pupa*										+	
55		月形刺胞虫	*Acanthocystis erinaceus*										+	
56		钟虫	*Vorticella sp.*										+	

注:"+"表示采集到物种

附表 3　长江流域常见底栖动物名录

中文名	拉丁名	河源	金沙江	长江上游	长江中游	长江下游	三峡库区	长江口	洞庭湖	鄱阳湖	岷江（含大渡河）	嘉陵江	赤水河	沱江	乌江	汉江	雅砻江	横江
环节动物门	Annelida																	
多毛纲	Polychaeta																	
背刺虫	Notomastus latericeus							+										
寡毛纲	Oligochaeta																	
颤蚓	Tubifex sp.	+	+		+	+											+	
水丝蚓	Limnodrilus sp.		+			+												
霍甫水丝蚓	Limnodrilus hoffmeisteri	+		+					+	+		+	+	+		+	+	
苏氏尾鳃蚓	Branchiura sowerbyi			+			+					+				+		
软体动物门	Mollusca																	
腹足纲	Gastropoda																	
萝卜螺	Radix sp.						+								+			
耳萝卜螺	Radix auricularia																+	
椭圆萝卜螺	Radix acuminata				+					+			+					
卵萝卜螺	Radix ovata										+	+		+		+		+
膀胱螺	Physa sp.			+														
堇拟沼螺	Assimima violacea							+										

续表

中文名	拉丁名	河源	金沙江	长江上游	长江中游	长江下游	三峡库区	长江口	洞庭湖	鄱阳湖	岷江(含大渡河)	嘉陵江	赤水河	沱江	乌江	汉江	雅砻江	横江
铜锈环棱螺	*Bellamya aeruginosa*						+		+	+				+				
梨形环棱螺	*Bellamya purificata*															+		
方格短沟蜷	*Semisulcospira cancellata*								+	+						+		
光滑狭口螺	*Stenothyra glabra*							+										
双壳纲	Bivalvia									+								
圆顶珠蚌	*Unio douglasiae*																	
焦河篮蛤	*Potamocorbula ustulata*							+										
河蚬	*Corbicula fluminea*					+		+	+	+		+	+		+	+		
淡水壳菜	*Limnoperna Lacustris*				+					+								
节肢动物门	Arthropoda																	
昆虫纲	Insecta																	
细蜉	*Caenis* sp.														+			
蜉蝣	*Ephemera* sp.		+														+	
扁蜉	*Heptagenia* sp.	+		+	+							+	+		+	+	+	+
四节蜉	*Baetis* sp.		+	+	+		+					+	+		+	+		+
扁蚴蜉	*Ecdyonurus* sp.												+					
高翔蜉	*Epeorus* sp.		+										+					
石蝇	*Perle* sp.										+	+						
短石蛾	*Brachycentrus* sp.	+																
纹石蛾	*Hydropsyche* sp.												+					

续表

中文名	拉丁名	河源	金沙江	长江上游	长江中游	长江下游	三峡库区	长江口	洞庭湖	鄱阳湖	岷江（含大渡河）	嘉陵江	赤水河	沱江	乌江	汉江	雅砻江	横江
大纹石蛾	Macronema sp.																	+
短脉纹石蛾	Cheumatopsyche sp.												+			+		
尾蟌	Paracercion sp.														+			
大春蜓	Macrogomphus sp.												+					
大蚊	Tipula sp.												+					
朝大蚊	Antocha sp.			+														
摇蚊	Chironomus sp.			+		+								+				
小突摇蚊	Micropsectra sp.	+	+										+					
恩非摇蚊	Einfeldia sp.															+		
多足摇蚊	Polypedilium sp.			+		+												
多足摇蚊	Polypedilium tritum				+													
齿斑摇蚊	Stictochironomus sp.									+								
二叉摇蚊	Dicrotendipes sp.																	
长跗摇蚊	Tanytarsus sp.				+													
长跗摇蚊	Tanytarsus sexdentatus					+	+						+					
长足摇蚊	Tanypus sp.				+	+												
前突摇蚊	Procladius sp.		+				+											
环足摇蚊	Cricotopus sp.												+					
软甲纲	Malacostraca																	
秀丽白虾	Palaemon modestus									+		+						

续表

中文名	拉丁名	河源	金沙江	长江上游	长江中游	长江下游	三峡库区	长江口	洞庭湖	鄱阳湖	岷江（含大渡河）	嘉陵江	赤水河	沱江	乌江	汉江	雅砻江	横江
日本沼虾	*Macrobrachium nipponense*								+						+			
谭氏泥蟹	*Ilyoplax deschampsi*							+										
钩虾	*Gammarus* sp.	+	+	+	+											+		

注："+"表示采集到物种